這就是服務設計—方法篇

搭配服用《這就是服務設計！》

在專案中活用服務設計思考方法

這就是服務設計－方法篇

搭配服用《這就是服務設計！》

編者／匯集者／作者／設計者

MARC STICKDORN
ADAM LAWRENCE
MARKUS HORMESS
JAKOB SCHNEIDER

譯者

吳佳欣

感謝世界各地服務設計
社群的熱心支援

05 研究方法

06 概念發想方法

07 原型測試方法

10 主持方法

簡介

本書是 Marc Stickdorn、Adam Lawrence、Markus Hormess、Jakob Schneider，以及來自世界各地服務社群超過 300 位共同作者及合作者所著之《這就是服務設計》（*#TiSDD*）的方法集。

本書涵蓋了來自非常多業界高手的意見和經驗，面對如此豐富的內容，實在難以抉擇。最後我們收錄了比預期更多內容、案例研討、文字框、專家訣竅和評論，讓書愈長愈大。即使與 O'Reilly 協調了合約，將本書增加到 550 頁，我們還是要確認哪些內容要放在書中，哪些要透過其他管道展示。

最後一輪的編輯將內容精簡了許多（變得好很多！），也在 #TiSDD 中加入了簡短的「方法預告」。接著，我們將原版本全篇幅、逐步操作的方法描述在書的網站上（*www.tisdd.com*）完全免費公開。

讀者認為延伸的線上方法非常受用，但也有許多人表示，他們不太以數位形式看這些方法，而是將內容印出來，以便在工作坊期間使用。雖然這樣蠻合理的，但把 180 頁印出來再自行裝訂是很累人的，而且容易變成整份亂亂的活頁夾，更不易使用。回饋很明確：讀者們希望以紙本形式使用這些方法。所以，紙本就出現了！

這是 #TiSDD 搭配服用的紙本方法篇，內容與網站上免費公開的內容是相同的，但重新編排了清楚的視覺版面，以專業的裝訂模式呈現。

在本書中，詳列了有 54 個實際操作說明，協助你學會使用服務設計中的關鍵方法。裡面也涵蓋許多研究、發想、原型測試和主持方法的說明、指南、技巧和訣竅。

任何優秀的服務設計師都會告訴你，服務設計不止是方法而已。方法可能是服務設計過程中一塊有用的磚頭，但擁有一堆磚頭並不能使一個人成為建築師或砌磚師傅。服務設計的成功的確源於對方法的掌握度—但也需要你了解如何將各種方法組成適合組織脈絡和需求的流程，以及如何透過新的工作方式來引導人們。

這就是為什麼這本方法集本身並不是一本服務設計書籍的原因。它沒有描述如何將不同的方法結合到一段連貫的設計流程中；也沒有描述設計流程以及如何規劃或管理流程；沒有描述人們為什麼應該做服務設計；更沒有描述如何讓服務設計在你的組織中被靈活運用。關於所有這些議題（還有更多！），請去閱讀《這就是服務設計！》。你現在手中的則是我們主要內容的搭配服用本。好好地運用，但不要從這本開始喔！

Marc Adam Markus Jakob

05
研究方法

超越假設

資料收集的方法

資料視覺化、整合與分析的方法

研究方法

超越假設

本章節提供了用來收集資料和將資料視覺化、整合與分析等不同的研究方法。這些內容只是個概述，方法還有很多，且同一方法也常有幾個不一樣的名稱。對於每種方法，我們只能做個非常簡短的介紹，若想要更深入地研究，坊間非常多文獻（某些方法甚至是整本書的研究）都有詳細的描述和範例。

資料收集的方法

在服務設計中，用來收集有意義的資料的研究方法有很多。我們有時會使用量化的方法，像是問卷調查（實體和線上問卷）、任何形式的自動統計資料（例如：轉換率分析）、或手動收集的量化資料（例如：簡易的店面來客頻率計數）。不過，大多還是使用質化的方法，特別是以民族誌為基礎的方法。

資料收集的方法分成以下五類：

→ 桌上研究

—初步研究
—次級研究

→ 自我民族誌手法

—自傳式民族誌
—線上民族誌

→ 參與式手法

—參與式觀察
—脈絡訪談
—深度訪談
—焦點團體

→ 非參與式手法

—非參與式觀察
—行動民族誌
—文化探針

→ 共創工作坊

—共創人物誌
—共創旅程圖
—共創系統圖

這些並不是學術上的分類標準，也因為每種研究方法有不同的變體和名稱，每個分類之間的界線也往往是模糊流動的。不過，依照經驗法則來說，我們建議你從每項分類裡選擇至少一種方法，以達到方法三角檢測的效果。

資料視覺化、整合與分析的方法

這裡介紹在服務設計中用來將收集的資料進行視覺化、整合與分析的方法—這個過程有時也稱為「意義建構（sensemaking）」。在此我們只提供一個概覽；資料視覺化的手法有很多，也有許多好用的方法可以用來溝通資料和洞見。此外，同樣一個方法會有幾個不同的名稱（也經常交互使用）。若想進一步探索，坊間有大量描述各種方法的資源，包括詳細的說明和範例。

以下是八類資料視覺化與分析的方法：

- 建立一面研究牆
- 建立人物誌
- 建立旅程圖
- 建立系統圖
- 發展關鍵洞見
- 產出待辦任務的洞見
- 撰寫使用者故事
- 彙整研究報告

↓

↑

更多關於方法的選擇和搭配使用，見#TiSDD第5章：*研究*。關於如何讓研究任務與其他核心服務設計活動相互結合，見#TiSDD第9章：*服務設計流程與管理*。

研究規劃的關鍵問題

在規劃研究活動時，考慮以下幾個關鍵的問題：

- **研究問題：**你想在研究循環中了解什麼？
- **研究方法：**在本次迭代裡，你採用的研究方法順序為何？打算用什麼方法來進行資料分析和視覺化？
- **受測者／樣本選擇：**這次要找誰來參與？打算在何時何地進行？
- **樣本大小：**需要多少參與者？彈性有多大？
- **研究團隊：**誰在研究中負責做準備、執行、分析？
- **資料類型：**會產生哪些類型的資料？你需要什麼樣的資料？
- **三角檢測：**你要如何補足或克服方法、研究員、或資料類型的偏誤？如何確保方法三角檢測？研究員或資料三角檢測呢？
- **研究循環：**在資料收集、視覺化和分析之間，你需要或預期多久進行一次迭代？

質化研究方法規劃清單

根據經驗，我們建議至少從以下每個類別選一種方法在研究中使用：

桌上研究

- ☐ 初步研究
- ☐ 次級研究
- ☐ ______________________

自我民族誌手法

- ☐ 自傳式民族誌
- ☐ 線上民族誌
- ☐ ______________________

參與式手法

- ☐ 參與式觀察
- ☐ 脈絡訪談
- ☐ 深度訪談
- ☐ 焦點團體
- ☐ ______________________

非參與式手法

- ☐ 非參與式觀察
- ☐ 行動民族誌
- ☐ 文化探針
- ☐ ______________________

共創工作坊

- ☐ 共創人物誌
- ☐ 共創旅程圖
- ☐ 共創系統圖
- ☐ ______________________

研究分析和視覺化方法規劃清單

你打算在研究分析（「意義建構」）和視覺化過程中使用以下哪些方法？

資料視覺化

- ☐ 建立一面研究牆
- ☐ 建立人物誌
- ☐ 建立旅程圖
- ☐ 建立系統圖
- ☐ ______________________________

資料分析與整合

- ☐ 發展關鍵洞見
- ☐ 產出待辦任務的洞見
- ☐ 撰寫使用者故事
- ☐ 彙整研究報告
- ☐ ______________________________

在 www.tisdd.com
免費下載這份清單

初步研究

在開始正式的研究或場域調查之前，
你自己的準備工作。

時間	準備：0-1 小時 活動：0.5-8 小時 後續：0.5-2 小時
物件需求	能取得研究資料庫（內部／外部）、研究報告的電腦
活動量	低
研究員／主持人	至少 1 名
參與者	N/A
預期產出	文字（其他研究）、統計資料、照片、影片

初步研究通常也會深入探究客戶對研究問題的看法：專案期間可能顯現的脈絡、認知、內部衝突或相互作用等。組織中初步的內部訪談很能帶來啟發，也是一個很好的開始。一些更深入的研究可以幫助你確認利害關係人對願景的看法是否一致、對研究試圖提出的問題或需求是否同步理解。[01]

初步研究的目的是讓我們更加了解有關產業、組織、競業、相似產品／商品／服務或類似經驗的資訊。你可以在初步研究中篩選特定研究領域、關鍵字、技術、產業的社群媒體文章或主題標籤（hashtags）。除了閱讀產業內的科學或特定利益相關出版物、報紙或一般性利益相關雜誌，還可以收聽播客（podcast）、看研討會演講、線上影片等。此外，也可以與

01 關於初步研究對整體服務設計流程的重要性，見 #TiSDD 9.2.2，**初步研究**。

團隊成員、同事、使用者、顧客或利害關係人快速做個共創工作坊，以了解在研究中需要考慮的不同觀點，找出進一步準備所需的線索，以及適合納入參與研究的人。初步研究通常從非常廣泛的研究問題或軟性主題開始（例如「家的感覺是什麼？」或「信任是什麼？」），或者更商業導向（例如「誰是潛在的競爭對手？」，或「這個技術還能有什麼其他的應用？」）。初步研究獲得的結果可能是文本的摘要、或結合照片、螢幕截圖或影片的視覺圖像，例如做成心智圖或情緒板。▶

A 「初步」研究通常會包括在網路上搜尋某些關鍵字、公司、和競業，以及針對特定主題的相關文章和學術研究。

B 在初步研究中標記資訊來源會很有幫助。也可以運用心智圖、試算表、或情緒板來處理大量的筆記。

C 記筆記，並反覆探索可能的有趣主題。

步驟指南

1 定義研究問題或主題

從廣泛的研究問題或主題開始。初步研究多半是探索性的，因此要保持開放的心態，跟著潛在的線索找到其他感興趣的主題。

2 進行初步研究

在搜尋過程中，記下所有參考文獻：資訊從何而來？時間多久了？來源有多可靠？跟著有趣的連結和參考資料，或先留下來，之後再探索。初步研究不是在尋找答案，而是找出對的研究問題。它可以幫助制定更具體的研究問題或假設。這樣廣泛而開放的研究也可以透過揭露不同產業所做過的事來激發你的靈感。也能幫助你找出潛在的訪談夥伴，或者作為更有彈性的次級研究的起點。

3 摘要並將資料視覺化

將初步研究做個摘要，包括結論、以及後續研究的推論或假設。可以用比較正式（例如報告）或較視覺化（如情緒板或心智圖）進行。在摘要中一邊記下參考資料也是很重要的。

方法說明

→ 有時候，與客戶或管理階層做個問題定義的工作坊（framing workshop），作為初步研究的最後階段是很有幫助的，以確保每個人對於現狀和研究目標的想法一致。

→ 預留一段時間（例如一個小時）來做初步研究，以免一下子做得太多。如果發現了有趣的主題，試著規劃要在每個主題上花費多少時間。◀

次級研究

現有研究收集、整合、與摘要。

時間	**準備**：0.5-2 小時 **活動**：1-8 小時 **後續**：0.5-2 小時
物件需求	能取得資料庫（內部／外部）、研究報告的電腦
活動量	低
研究員／主持人	至少 1 名
參與者	N/A
預期產出	文字（其他研究）、統計資料

與初步研究相反，次級研究（常被簡單稱為「桌上研究」）只使用現有的次級資料—為了其他專案或目的所收集的資訊。次級資料有質化和量化的形式，包括市場研究報告、趨勢分析、顧客資料、學術研究等。這些次級資料可能來自外部來源（發表在學術論文、白皮書和報告書的研究），也可能是從內部組織取得的研究資料。進行次級研究時，你可以使用線上搜索引擎或 Google Scholar 等研究平台，來搜索特定主題或研究問題；查看科學資料庫和期刊、圖書館、研討會和專家講座。

桌上研究的主要目的是確認特定主題的研究是否已經存在，形成一個更精確的研究問題，並找出可能的資料收集、視覺化、和整合方法。**把桌上研究當作研究流程的起點，以避免重工，也在開始主要研究時能站在巨人的肩膀上。**►

步驟指南

1 定義研究問題或主題

對於桌上研究來說，重點是要從研究問題開始，或至少要先有一個主要研究領域。思考一下為什麼要進行研究（探索性研究 vs. 確認性研究），以及想怎麼處理研究的發現（人物誌、旅程圖、系統圖等）。

2 找出資料來源

收集可靠的內部／外部可用資源列表。如果組織沒有知識管理系統，則需要有內部專家（例如市場研究或 UX 部門的同仁）來幫助你找出現有的研究。

3 評估資料來源可靠度

試著評估每個潛在資料來源的可靠度，例如，有同儕審查的學術期刊通常比報紙更可靠。根據可靠度來對資料來源進行排名，並規劃在每個資料來源上大約要花費多少時間進行搜尋。

4 進行篩選搜尋

在資料搜尋過程中要記下各項參考資料。預留一段時間（例如一個小時）來做初步的篩選搜尋。如果發現了有趣的資訊和／或其他可靠的來源或連結，先留下來，之後再進行探索。

5 深入探究

瀏覽在篩選搜尋期間建立的列表，並更詳細地探索可能有趣的資訊。爬梳文章或深入了解你找到的統計資料。此外，也要注意文章中的資料來源，或是在不同資料之間進行交叉引用並找到背後的深度研究。

6 摘要

將桌上研究的資料做個摘要。可以用比較正式（例如報告）或較視覺化（如情緒板或心智圖）的方式進行。

方法說明

- → 預留一段時間（例如兩小時）來進行次級研究的前三個步驟（定義研究問題或主題、找出資料來源、評估資料來源可靠度）。這樣能盡量避免離題太多。

- → 次級研究還可以幫助你確定特定領域內的專家，誰可能是有趣的訪談夥伴、共創工作坊的參與者或同儕評審。◄

Ⓐ 快速的線上搜尋有助於評估是否值得投入更多時間，來對現有研究進行更結構化的檢視。

Ⓑ 對某個相關主題的學術論文進行結構化檢視時，通常會篩選許多論文，找尋文章之間的模式和交叉引用。即使花時間，這也是有幫助的。

自傳式民族誌

研究員自己探索一段特別的經驗，並使用場域筆記、錄音、錄影和照片自行作記錄；也稱作自我民族誌／記錄。

時間	**準備**：0.5 小時 -2 週（視手法和場域可及程度） **活動**：1 小時 -12 週（視研究目標和手法） **後續**：0.5 小時 -2 週（視資料量和資料類型）
物件需求	筆記型電腦、相機、錄音筆、攝影機、行動人物誌軟體（非必要）、法律協議（同意書／保密協議書）
活動量	中
研究員／主持人	至少 1 名（視手法，至多約 15 名研究員）
參與者	N/A
預期產出	文字（逐字稿、場域研究筆記）、錄音檔、照片、影片、物件

在「真正的」（即較學術的）自傳式民族誌研究中，研究員會讓自己沉浸在一個組織中數個月。在服務設計中則常用較精簡的版本：團隊成員親身在真實的情境脈絡中，多半做為顧客或員工，探索一段特定的經驗。[O2]

自傳式民族誌通常是在流程中最早被採用的研究方法之一，因為它可以幫助研究員解讀觀察到的受訪者行為，並在對主題已經有了大致的了解之後，讓訪談更輕鬆、更全面。

自傳式民族誌研究可以是外顯的也可以是隱蔽的。在外顯的自傳式民族誌研究中，周圍的人知道你是研究員，而在隱蔽的形式中，人們不知道你的身分。當大家知道身邊有研究員時，要特別注意潛在的「觀察者效應」–

O2 有關如何將民族誌作為質化研究方法更全面的介紹，見 Adams, T. E., Holman Jones, S., & Ellis, C. (2015). *Autoethnography: Understanding Qualitative Research*. Oxford University Press。

也就是有研究員在場時，對環境和受訪者行為帶來的影響。

自傳式民族誌可以涵蓋任何線上／線下通路，以及有／無其他人與機器的行為。一般來說，用自傳式民族誌作為了解跨通路經驗的第一種快速研究方法是非常有用的，它也可以關注一個特定的通路，例如線上通路，用旅程圖描述詳細的體驗。在這樣的情況下，自傳式民族誌研究方法與線上民族誌便融為一體了。

步驟指南

1 定義研究問題

定義研究問題，或想了解什麼。思考一下為什麼要進行研究（探索性研究 vs. 確認性研究），以及想怎麼處理研究的發現（人物誌、旅程圖、系統圖等）。

2 規劃與準備

根據研究問題，定義進行研究的時間和地點。對於涉及一群人的自傳式民族誌研究，例如秘密客／秘密員工或（探索性的）服務探險，要規劃預計由哪些人作為研究員、如何接觸他們、要設定什麼期望、如何給予指示、以及需要花費多少時間。對於服務探險這類手法，重要的是要確認客戶方或專案的其他相關部門的參與者。確定是要進行外顯或隱蔽的自傳式民族誌，以及如何記錄自己的經歷，並在必要時加上法律協議，確保在場域紀錄外還能錄音、拍攝照片或影片。

3 進行自傳式民族誌

在研究中，嘗試區分第一級和第二級概念。第一級概念（「原始資料」）是指你（客觀地）看到和聽到的內容，而第二級概念（「解讀」）是指你對所經歷的事情的感受以及解讀。如果有做場域筆記，要把兩種內容都寫下來：例如，在左頁紀錄所看到和聽到的事，在右頁紀錄你的解讀和感受。如果進行的是外顯的自傳式民族誌，要注意潛在的觀察者效應。自傳式民族誌進行的長度和深度視研究目標而定：可能是一段旅程中特定時刻的快速 5 分鐘經歷，也可能是持續幾天、甚至幾週、幾個月的研究。

4 後續追蹤

在研究後馬上根據觀察結果寫下個人關鍵發現，如果其他研究員也進行了自傳式民族誌研究，則將內容進行比較。為場域筆記、逐字稿、照片、錄音和錄影以及收集的物件建立索引，記下所有收集的資料。瀏覽資料，並標出重要的部分，寫一份簡短的摘要，內容包括你的綜合關鍵發現以及原始資料，例如引述、照片或影片等。▶

方法變化版

除了完整的民族誌研究外，在服務設計中，可以用不同、較精簡的方式來進行。

- **購物秘密客**是一種自傳式民族誌的研究方式：研究員扮成顧客，經歷購買流程或特定的一段顧客體驗，並記錄自己的經歷。通常在秘密購物中，秘密客會被分配某些任務，例如質疑某項服務，或根據一份清單來評估服務。因此，購物秘密客是一種較常用於評估性研究的手法。對此手法的批判是，購物秘密客通常只假裝是顧客而不是真實顧客，這會影響他們的期望、需求、進而影響他們的經驗，導致資料有偏誤。

- **秘密員工**是以員工的身分在公司裡進行自傳式民族誌研究。與「真實」自傳式民族誌研究不同的是，秘密員工是只讓研究員在公司裡扮成員工一陣子。就像購物秘密客一樣，研究員記錄自己的經歷（例如，走一遍申請流程或一個工作天），通常也包括某些任務，例如，質疑同事或根據清單來評估。秘密員工與購物秘密客受到一樣的批判，由於研究員僅是扮演員工，並且在公司中待的時間往往非常有限。

- **服務探險**通常用來作為一種干預的手法。這個詞意指派出一群人針對特定的經驗來進行自傳式民族誌的研究。在他們自己體驗特定的產品或服務時，一般也會要求他們進行觀察，並與其他顧客交談（見參與式和非參與式觀察、脈絡訪談）。目的是使自己沉浸在體驗中，「走到野外探險」，自行探索主題，在「自然棲息地中」觀察顧客，並「捕獲洞見」。用照片／錄音或影片記錄你的經驗和觀察結果，對後續與夥伴進行討論非常有幫助。當有來自管理層、客戶或各個部門的人員時，服務探險作為干預的手法非常有效，因為它可以讓參與者以有脈絡、由下而上的方式達成共識，而不是用抽象的描述來討論問題。

- 相對於傳統服務探險，**探索式服務探險**是指派出一群人去探索和收集他們認為好的和不好的服務經驗案例。一般來說，探索式服務探險看得面向很廣，沒有特定的重點，例如，可以聚焦於公司本身，體驗客戶或自家公司提供的服務，也可以聚焦於產業，體驗業內競爭對手提供的服務，或者聚焦產業外，在其他產業中尋找帶給你靈感的案例。即使探索式服務探險對於在特定研究專案中收集資料沒有多大用處，但它通常可以幫助團隊為自己的研究找到起點，或決定後續的研究重點。

— **日誌研究**是一種縱向研究，受訪者會在一段較長時間內描述自己在相關主題的經驗。資料收集和分析可以由研究員自己用自傳式民族誌來完成，或者，研究員也可以請受訪者在日誌中自行收集資料，然後再進行分析。一般來說，日誌研究是文化探針的一部分，與以日誌為基礎的深度訪談相結合。日誌研究可以使用傳統的實體日記進行，也可以使用線上日誌研究軟體，或用智慧型手機上的行動民族誌 App 進行。

方法說明

→ 智慧型手機通常是最好的隨身設備；如果有打算建立旅程圖，可以用行動民族誌 App 直接將你的經歷記錄為旅程圖。

→ 視合作的國家和組織的不同，別忘了提早確認會需要哪些法律、道德和保密協議，並在必要時，事先與研究受訪者溝通相關資訊。◀

線上民族誌

一種調查人們如何在線上社群互動的手法，也被稱作虛擬或網路民族誌。

時間	準備：0.5 小時 -1 週（視手法和場域可及程度） 活動：1 小時 -12 週（視研究目標和手法） 後續：0.5 小時 -2 週（視資料量和資料類型）
物件需求	電腦、筆記型電腦、螢幕截圖或螢幕錄影軟體、法律協議（同意書／保密協議書）
活動量	低
研究員／主持人	至少 1 名（視手法，可能需要更多）
參與者	N/A
預期產出	文字（逐字稿、場域研究筆記）、螢幕截圖、錄音檔（螢幕錄影或錄音）

線上民族誌常同時混合幾種方法，例如透過螢幕畫面分享來進行的脈絡訪談，或與其他社群成員的深入回溯訪談 [O3]。進行線上民族誌有幾種不同的方法，包括：

- 自我民族誌研究，研究員融入為社群的一員，記錄其自身的經驗
- 非參與式線上民族誌，研究員只針對某線上社群進行觀察
- 參與式線上民族誌，研究員與特定的受訪者接觸，對他們的線上活動進行「影隨」（例如，透過螢幕畫面分享）

線上民族誌可以聚焦許多不同的層面，例如一個網路社群裡的社交互動，或是比較人們在網路世界跟真實生活中自我知覺（self-perception）的差異。

O3 虛擬民族誌最被人廣為引用的文獻之一是 Hine, C. (2000). *Virtual Ethnography*. Sage。

線上民族誌可以是外顯或隱蔽的，進行外顯線上民族誌時，與你互動的人知道你是研究員；而在隱蔽的形式中，人們不知道你的身分。當大家知道身邊有研究員時，要特別注意潛在的「觀察者效應」– 也就是有研究員在場（或虛擬在場）時，對環境和社群行為帶來的影響。

步驟指南

1　定義研究問題

定義研究問題，或想了解什麼。思考一下為什麼要進行研究（探索性研究 vs. 確認性研究），以及想怎麼處理研究的發現（人物誌、旅程圖、系統圖等）。

2　規劃與準備

根據研究問題，選擇適合的線上社群，決定要以外顯還是隱蔽的形式進行。要規劃預計何時進行研究、以及花費多少時間。決定要用什麼方式紀錄自己的經驗（例如，螢幕截圖、螢幕錄影、系統圖、旅程圖，或場域筆記即可）。確認錄音或截圖是否需要法律同意書，有時，可能還要假扮成社群成員，才能取得截圖。

3　進行線上民族誌

在研究中，嘗試區分第一級和第二級概念。第一級概念（「原始資料」）是指你（客觀地）看到和聽到的內容，而第二級概念（「解讀」）是指你對所經歷的事情的感受以及解讀。如果有做場域筆記，要把兩種內容都寫下來：例如，在左頁紀錄所看到和聽到的事，在右頁紀錄你的解讀和感受。如果進行的是外顯的線上民族誌，要注意潛在的觀察者效應。線上民族誌進行的長度和深度視研究目標而定：可能是一段旅程中特定時刻的快速 5 分鐘經歷，也可能是持續幾天、甚至幾週、幾個月的研究。

4　後續追蹤

檢視資料並標記出重要的部分。寫下自己的重點心得，如果其他研究員也做了線上民族誌研究，則將他們的內容與你的進行比較。為場域筆記、逐字稿、螢幕截圖、和錄音建立索引，記下所有收集的資料。寫一份簡短的摘要，內容包括你的綜合關鍵發現以及原始資料，例如引述、螢幕截圖或錄影等來佐證。

方法說明

→ 運用索引系統來紀錄螢幕截圖和錄影。

→ 視合作的國家和組織的不同，別忘了提早確認會需要哪些法律、道德和保密協議，並在必要時，事先與研究受訪者溝通相關資訊。◂

參與式觀察

研究員讓自己沉浸在研究對象的生活中。

時間	準備：2 小時 -8 週（視場域可及程度和法規） 活動：4 小時 -4 週（視受訪者和研究員的人數與時間） 後續：2 小時 -4 週（視資料量）
物件需求	筆記型電腦、相機、錄音筆、攝影機、法律協議（同意書／保密協議書）
活動量	高
研究員／主持人	至少 1 名（理想的組成是 2-3 名研究員的團隊）
參與者	至少 5 名（但目標是至少每組 20 名）
預期產出	文字（逐字稿、場域研究筆記）、錄音檔、照片、影片、物件

在這種手法中，被觀察者知道研究員在場，且正在與研究問題相關的情境下進行觀察。這與非參與式觀察的不同之處在於，在非參與式觀察中，研究對象並不知道自己正在被觀察。由於研究員的身分公開，因此要特別注意「觀察者效應」– 也就是有研究員在場時，對環境和受訪者行為帶來的影響。參與式觀察和脈絡訪談之間存在一種流暢的過渡，而且通常是相輔相成的。可以試著採用其他（非參與式）研究方法進行交叉檢視，來平衡觀察者效應這類的偏誤。[04]

研究員可以觀察在有或沒有其他人／機器的情況下，數位和實體環境中的行動。在這樣的情況下，參與式觀察對於理解跨通路的經驗很有用，因為這個方法關注的是人們而不是某個特

04 根據 1980 年一本關於參與式觀察的開創性著作，研究員的參與程度是連續的，從非參與到被動、中度、主動和完全參與。見（新版）Spradley, J. P. (2016). *Participant Observation*. Waveland Press.

定的通路。根據研究問題和脈絡，觀察作業可能會在受訪者的工作場所、家中、甚至是在他們整個假期旅行的過程中進行。

在參與式觀察的過程中，重要的是不只要透過對肢體語言的解讀，觀察人們在做什麼，也要觀察人們「沒有做」的事（例如，他們是否忽略了指示、或不想開口尋求協助？）。▸

Ⓐ 當研究員進行參與式觀察時，他們通常會在被動觀察情況和主動提問之間來回切換，以更深入了解使用者需求。

Ⓑ 幽默感有時有助於在研究員和受訪者之間建立信任。信任對於更長久的參與式觀察來說尤其重要。

步驟指南

1 定義研究問題

定義研究問題，或想了解什麼。思考一下為什麼要進行研究（探索性研究 vs. 確認性研究），以及想怎麼處理研究的發現（人物誌、旅程圖、系統圖等），也要考慮可能需要的樣本大小。

2 找出參與者

根據你的研究問題，確認合適參與者的標準，除了參與者外，也要想好在何時何地進行。使用抽樣工具來選擇研究參與者，也可以考慮請內部專家或外部機構來協助招募。

3 規劃與準備

計劃如何與研究參與者接觸、如何設定期望值、開始和結束的方式、以及計劃觀察他們多久。根據你想了解的事項，寫一份觀察準則。也要考慮客戶端或專案中其他部門有誰要一起參與研究。讓各方確認記錄觀察結果的方式，若必要的話，準備法律同意書，以便在場域筆記之外進行錄音、拍照或錄影。

4 進行觀察

在進行參與式觀察時，試著在盡可能接近參與者時，也盡可能不要影響他們，以平衡觀察者效應。研究對象在被觀察時通常會刻意或不自覺地表現出不同的行為，當被錄影或拍照時可能更嚴重。為了解決這個問題，在參與式觀察期間建立研究員和參與者之間的信任至關重要。這通常會花比原本預期更多的時間。你可以將參與式觀察與其他方法（例如脈絡訪談或回溯性訪談）混合使用。運用當下的情境，請參與者解釋他們的特定活動、物件、行為、動機、需求、痛點或獲益。有時，如果你將行為反映給參與者看，那麼人們在所說和所做之間的矛盾就會變得非常明顯。在觀察期間，試著盡可能收集大量無偏見的「第一層次」原始資料。參與式觀察的長度和深度隨研究目標而有所不同：從在顧客旅程的特定時刻進行的 15 分鐘快速觀察，到幾天甚至幾週的觀察。

5 後續追蹤

在進行觀察後，要馬上寫下自己的重點心得，並與團隊比較彼此的紀錄內容。記下所有收集的資料（例如，為場域筆記、逐字稿、照片、錄音、錄影、和收集的物件建立索引）並標記出重要的部分。寫一份簡短的觀察摘要，內容包括你的綜合關鍵發現以及原始資料，例如引述、照片或影片等來佐證。別忘了將研究摘要連結到原始資料上（索引在此就非常有用)。

方法變化型

參與式觀察是多樣方法的泛稱,像是影隨、一日生活、或一同工作。這些方法之間的主要差別在於觀察的對象(例如一同工作)以及是否跟隨研究對象一段時間(例如一日生活),以及有時是跟著他們來回不同的實體空間(例如影隨)。但是,這些術語在很大程度上彼此重疊,也常會交互使用:

— **一日生活**運用參與式觀察手法來了解人們(主要是顧客)在一定時間範圍內(從幾小時到幾天)的日常生活。這對開發或驗證人物誌,以及了解顧客在廣大脈絡下的需求時非常有用。研究員主要關注顧客的例行公事、作息、行為、環境、互動和對話,或顧客一整天中使用的產品。「一日生活」手法通常會結合參與式觀察與脈絡或回溯訪談,以了解人們從事某些活動的背後原因、動機和態度。通常,研究結果會以旅程圖的形式,以時間序列呈現顧客當天的行為,或者以系統圖的形式,呈現顧客在一天中互動的各個利害關係人。

— **一同工作**聚焦於在其工作環境中的員工,以了解他們的日常工作和非正式網絡。一同工作主要是結合參與式觀察和脈絡訪談,但也可以包括電話監聽、虛擬民族誌和非參與式觀察。研究員通常扮演受訓者或實習生,並與員工一起工作幾天。他們隨時留意著員工的一舉一動,觀察他們的日常例行公事以及與同事、客戶、顧客、和其他利害關係人的互動和對話,以了解內部流程以及正式和非正式的網絡、企業文化以及調性。研究員要注意員工用來應對現有公司結構和流程的變通方法。通常,看看在工作場所中出現的便利貼,就可以開始了解人們用什麼撇步和捷徑來讓工作更有效率。研究員必須對進行一同工作的受訪者保持敏銳度,因為他們的存在有時會非常具有侵略性。此外,研究員在場時,經常會影響人們的行為(觀察者效應/霍桑效應)[05],應特別注意這一點。為了讓一同工作中收集的資料更豐富,研究員可以試著收集物件,例如指南、內部文件、目錄、電子郵件、逐字稿等。▶

05 更多關於潛在的偏誤,見 #TiSDD 5.1.3,**資料收集**。

— **影隨**指的是研究員像影子一樣，在研究對象（主要是顧客）生活中所經之處跟隨他一段時間，以觀察其行為，並了解他們的過程和經驗。影隨通常比一同工作要短得多，有時僅持續幾分鐘，有時則長達幾個小時。在開始研究之前，弄清研究員的身分和與所有受訪者的界限非常重要。影隨使研究員可以從受訪者的角度深入了解經驗。一般也會在關鍵時刻進行脈絡訪談（例如，當顧客遇到問題，或發現有人使用有趣的特殊解決方法時）。研究受訪者本人通常不會意識到這些情況，畢竟他們已經習慣了（例如，每天都會遇到的常見問題）。影隨會顯示僅透過訪談看不到的洞見 – 可能是因為受訪者沒有說出真相（例如，由於社會壓力），或者只是因為他們沒注意到自己的行為。

方法說明

→ 如果研究受訪者在溝通或試著找出某些資訊，要直接用他們使用的管道收集；如果他們在不同管道中選擇，試著找出為什麼他們偏愛某個管道。

→ 視合作的國家和組織的不同，別忘了提早確認會需要哪些法律、道德和保密協議，並在必要時，事先與研究受訪者溝通相關資訊。◂

脈絡訪談

在情境脈絡中，針對顧客、員工或其他利害關係人進行與研究問題相關的訪談，也被稱作脈絡訪查。

時間	準備：0.5 小時 -8 週 （視場域可及程度和法規） 活動：0.5 小時 -4 週 （視受訪者和研究員的人數與時間） 後續：0.5 小時 -4 週 （視資料量）
物件需求	筆記型電腦、相機、錄音筆、攝影機、法律協議（同意書／保密協議書）
活動量	高
研究員／主持人	至少 1 名（理想的組成是 2-3 名研究員的團隊）
參與者	至少 5 名（但目標是至少每組 20 名）
預期產出	文字（逐字稿、場域研究筆記）、錄音檔、照片、影片、物件

脈絡訪談可以與員工在工作場所進行，或與顧客在顧客經驗的特定時刻進行。脈絡訪談被用來理解一個特定族群，了解他們的需求、情緒、期待、與環境（對人物誌有幫助），也能揭露正式與非正式的人際網絡，以及特定人員的隱藏動機（對系統圖有幫助）。此外，這類訪談也有助於了解特定的經驗，因為受訪者可以在場域裡示範動作的細節（對旅程圖有幫助）。

試著向受訪者詢問他們所經歷的特定經驗（例如，他們上次使用某服務的經歷），並示範具體的經驗細節。人們在舉具體的例子時，通常比用一般用語闡述經驗時，更容易描述痛點和益點。脈絡訪談可以跟著一個主軸研究問題開放式進行，也可以按照訪談和觀察指南，以半結構式的方式進行（見參與式觀察）。[06] ▶

06 見 Beyer, H., & Holtzblatt, K. (1997). *Contextual Design: Defining Customer-Centered Systems*. Elsevier。

與回溯性訪談相反，脈絡訪談是在情境中進行的，優點是研究員可以觀察環境，受訪者可以指出環境中的元素，這使訪談更加具體和靈活。由於訪談通常是在受訪者熟悉的環境中進行的，因此人們往往更加開放、參與度也更高。與回溯性訪談或焦點團體比起來，受訪者更能記得特定的細節，研究員也能獲得更全面的了解。通常，脈絡訪談運用像是「五個為什麼」的手法（見特別收錄：訪談指南）來深入了解受訪者採取特定行動的背後動機。

記錄訪談的脈絡情境是很重要的。除了季節、星期幾、時間和地點以外，其他因素也可能會影響情況，例如天氣條件或其他在場人員。還應注意受訪者的情緒，並觀察他們的手勢和肢體語言。

Ⓐ 脈絡訪談可以幫助受訪者在情境中描述問題和需求，因為他們身處場域，可以直接在事物原來的位置表達意思。

Ⓑ 可能的話，也用錄音或錄影記錄作為較低偏誤的原始資料來源。

Ⓒ 收集物件或拍攝相關物件的照片有助於了解訪談的脈絡情境。

步驟指南

1 **定義研究問題**

定義研究問題，或想了解什麼。思考一下為什麼要進行研究（探索性研究 vs. 確認性研究），以及想怎麼處理研究的發現（人物誌、旅程圖、系統圖等），也要考慮可能需要的樣本大小。

2 **找出受訪者**

根據你的研究問題，確認合適受訪者的標準，除了受訪者外，也要想好在何時何地進行。使用抽樣工具來選擇研究受訪者，也可以考慮請內部專家或外部機構來協助招募。

3 **規劃與準備**

計劃如何與研究受訪者接觸、如何設定期望值、開始和結束的方式、以及計劃觀察受訪者多久。根據你想了解的事項和目標訪談內容，寫一份訪談準則。準則要是半結構式的，這樣可以幫助你在訪談中不漏東漏西，但也可以靈活調整自己的流程。也要考慮客戶端或專案中其他部門有誰要一起參與研究。讓各方確認記錄觀察結果的方式，若必要的話，準備法律同意書，以便在場域筆記之外進行錄音、拍照或錄影。

4 **進行訪談**

在訪談中，要使用開放式和非誘導性的問題來進行。可以試著使用特定的訪談手法（例如「五個為什麼」）來揭露背後的動機。運用情境脈絡，請受訪者示範他們正在描述的特定活動或物件；在脈絡訪談中說「可以示範給我看嗎？」非常有用，因為人們經常說出與實際行為不同的話。事先協調訪談團隊中的角色：事先決定好誰提出問題、誰做觀察並做筆記。在訪談中，試著盡可能收集許多不帶偏見的「第一層次」原始資料。脈絡訪談的時間長度和深度隨研究目標的不同而有所不同：從在火車站的售票機進行的 5 分鐘快速訪談，到在家中或在工作場所進行 2 至 3 個小時的訪談都可能發生。

5 **後續追蹤**

在進行訪談後，要馬上寫下自己的重點心得，並與團隊比較彼此的紀錄內容。記下所有收集的資料（例如，為場域筆記、逐字稿、照片、錄音、錄影、和收集的物件建立索引）並標記出重要的部分。為每場訪談寫一份簡短的摘要，內容包括你的綜合關鍵發現以及原始資料，例如引述、照片或影片等來佐證。別忘了將摘要連結到訪談資料上（索引在此就非常有用）。◀

深度訪談

一種進行深入個別訪談的質化研究手法。

時間	準備：0.5 小時 -4 週 （視場域可及程度和法規） 活動：0.5 小時 -4 週 （視受訪者和研究員的人數與時間） 後續：0.5 小時 -4 週 （視資料量）
物件需求	筆記型電腦、相機、錄音筆、攝影機、法律協議（同意書／保密協議書）
活動量	中
研究員／主持人	至少 1 名（理想的組成是 2-3 名研究員的團隊）
參與者	至少 5 名（但目標是至少每組 20 名）
預期產出	文字（逐字稿、場域研究筆記）、錄音檔、照片、影片、物件

研究員會針對相關的利害關係人（例如：前台和後台員工、顧客、供應商等）或外部專家進行深度訪談，了解特定主題的不同觀點。訪談能幫助研究員對特別的期望、經驗、產品、服務、商品、運作、流程、與擔憂，以及一個人的態度、問題、需求、想法、或環境，有更深入的了解。

深度訪談一般以結構式、半結構式、或無結構式的方式進行。嚴謹的結構式訪談在設計中並不常見，遵循半結構式指南則可幫助研究員收集有用的資料。訪談問題應以「漏斗」的方式進行，從一般性問題和廣泛性問題開始，讓受訪者適應對談，並建立融洽的關係，然後再漸漸進入與研究主題相關、更具體詳細的問題。訪談指南可以根據專案或一組受訪者做客製，也可以根據一般的模板，例如照著同理心地圖內的「想法、感受」、「聽到什麼」、「看到什麼」、「說什麼、做什麼」、「痛點」和「益點」作為訪談主題，來收集人物誌的資料[07]。

深度訪談大多是面對面進行的，這樣研究員就可以觀察肢體語言，並營造更親近的氛圍，但也可以用線上或打電話的方式進行。

可以透過邊界物件（例如簡單的塗鴉、心智圖、人物誌、旅程圖、系統圖或其他好用的模板）的輔助來進行訪談。與受訪者共同建立邊界物件，有助於彼此對複雜問題的相互理解。這些工具可以是紙本的，讓受訪者在訪談中填寫，也可以採用更具體的形式，例如使用遊戲小物件來展示網絡或系統。有時，深度訪談也會包括一些任務，像是用卡片分類法來了解使用者需求，或用接觸點卡片幫忙講故事，以描繪經驗。接觸點卡片[08]在回溯訪談中回顧過去的經驗時特別有用，因為卡片可以讓受訪者的記憶更加清晰具體。在回溯訪談中，受訪者回顧並評估他們在產品、服務、活動或品牌方面的經驗。這不僅對獲得最終結果（例如，使用接觸點卡片建立的旅程圖）很有幫助，對於記錄受訪者的整個創造過程，也很有用。▶

07 原始的同理心地圖包含下列主題：**他們看／說／做／聽到什麼？**與他們的想法和感受（痛點與益點）為何？在 2017 年，**誰是我們要同理的對象？他們需要做什麼事情？**被加進原有的模板中。見 http://gamestorming.com/empathy-mapping/ 和 Gray, D., Brown, S., & Macanufo, J. (2010). *Gamestorming: A Playbook for Innovators, Rulebreakers, and Changemakers*. Sebastopol: O'Reilly。

08 Simon Clatworthy 教授在其 AT-ONE 研究專案中開發了「接觸點卡片」。見 Clatworthy, S. (2011). "Service Innovation Through Touch-points: Development of an Innovation Toolkit for the First Stages of New Service Development." *International Journal of Design*, 5(2), 15–28。

Ⓐ 注意受訪者的肢體語言和手勢，並寫下有趣的觀察結果。這通常會引出進一步的問題。

Ⓑ 在深度訪談中，使用接觸點卡片或旅程圖作為邊界物件，有助於受訪者回想經驗。

步驟指南

1　定義研究問題

定義研究問題，或想了解什麼。思考一下為什麼要進行研究（探索性研究 vs. 確認性研究），以及想怎麼處理研究的發現（人物誌、旅程圖、系統圖等），也要考慮可能需要的樣本大小。

2　找出受訪者

根據你的研究問題，確認合適受訪者的標準。使用抽樣工具來選擇研究受訪者，也可以考慮請內部專家或外部機構來協助招募。

3　規劃與準備

計劃如何與研究受訪者接觸、如何設定期望值、開始的方式、何時何地進行訪談、訪談中是否有任務、結束的方式、訪談時間多長？要注意環境（何時何地進行訪談）對訪談本身多少會有影響。也就是根據你想了解的事項和目標訪談內容，寫一份訪談準則。準則要是半結構式的，這樣可以幫助你在訪談中不漏東漏西，但也可以靈活調整自己的流程。也要考慮客戶端或專案中其他部門有誰要一起參與研究。讓各方確認記錄觀察結果的方式，若必要的話，準備法律同意書，以便在場域筆記之外進行錄音、拍照或錄影。

4　進行訪談

在訪談中，要使用開放式和非誘導性的問題來進行。可以試著使用特定的訪談手法（例如「五個為什麼」）來揭露背後的動機。確認訪談者團隊中的角色，事先決定好誰提出問題、誰做觀察並做筆記。深度訪談的時間長度隨研究目標的不同而有所不同：30 分鐘至 2 個小時都有可能。

5　後續追蹤

在進行訪談後，要馬上寫下自己的重點心得，並與團隊比較彼此的紀錄內容。記下所有收集的資料（例如，為場域筆記、逐字稿、照片、錄音、錄影、和收集的物件建立索引）並標記出重要的部分。為每場訪談寫一份簡短的摘要，內容包括你的綜合關鍵發現以及原始資料，例如引述、照片或影片等來佐證。別忘了將摘要連結到訪談資料上（索引在此就非常有用）。

方法說明

→ 深度訪談可以運用像是「五個為什麼」等手法幫助問得更深入，也獲取更多背後的動機。

→ 可以的話，用錄影或錄音、拍照的方式將訪談記錄下來，這樣就能收集原始（第一層次）資料。在訪談中，特別注意受訪者的心情、也要觀察手勢和肢體語言。◂

焦點團體

一種執行訪談研究的經典方法，研究員邀請一群人然後問他們關於特定產品、服務、商品、概念、問題、原型、廣告等問題。

時間	準備：1 小時 -4 小時 （視參與者可及程度和法規） 活動：1 小時 -2 小時 （視問題和流程） 後續：1 小時 -8 小時 （視研究主軸和資料量）
物件需求	筆記型電腦、錄音筆、攝影機、相機、法律協議（同意書／保密協議書）
活動量	中
研究員／主持人	1-2 名
參與者	4-12 名（通常以 6-8 名為理想人數）
預期產出	文字（逐字稿、筆記）、錄音檔、照片、影片

在焦點團體中，研究員試圖了解對於一個特定主題的認知、意見、點子、或態度。焦點團體多半在一個非正式的環境下舉辦，像是會議室、或一個特別的空間，讓研究員可以透過單面鏡觀察情況，或在另一個空間觀看即時影像。目的是讓參與者自由地從自己的角度討論特定的主題。[09]

研究員常只提出一個初步的問題，然後觀察團體的討論與互動。有時，研究員會引導團體討論一系列的問題。在雙引導者焦點團體中，會由一位研究員引導流程，而另一位則觀察參與者之間的互動。與共創工作坊相反的是，研究員不當主持人，參與者也不使用邊界物件來進行共創。▶

09 你也許留意到文中對焦點訪談帶有某些偏見。原因如下：「焦點團體實際上在很多領域的觀念裡，是個**禁忌**」，哈佛商學院名譽教授 Gerald Zaltman 說，「人們陳述的意圖與實際行為之間的相關性通常很低、或是負向的。」來源：Zaltman, G. (2003). *How Customers Think: Essential Insights into the Mind of the Market*. Harvard Business Press, p. 122。

雖然焦點團體常被用於商業領域，但它在服務設計的應用是有限的。

當我們需要在脈絡中了解現有經驗時，焦點團體就不是那麼有用，因為這個方法是在去脈絡的實驗室情境中完成的。與共創工作坊不同，焦點團體通常不使用小組可以共同作業的邊界物件，例如人物誌、旅程圖或系統圖。由於研究結果只依靠引導式的討論而來，往往導致資訊的價值有限。因此，引導者需注意避免結果因觀察者效應、群體思維、或社會期許偏差等問題而帶有偏誤。

步驟指南

1 定義研究問題

定義研究問題，或一系列焦點團體研究的問題。問題大多是對於特定產品、服務、軟體、概念、問題、原型、或廣告的認知、意見、點子、或態度。

2 找出參與者

根據你的研究問題和目標，確認合適參與者的標準。使用抽樣工具來選擇焦點團體參與者，也可以考慮請內部專家或外部機構來協助招募。一般來說，焦點團體的目標是運用參與者之間的同質性，以最大程度地揭露資訊。遵循三角檢測的手法，至少要有第二組焦點團體作為第一組焦點團體的對照組[10]。

3 規劃與準備

計劃如何與研究參與者接觸、要給予什麼樣的研究酬勞。找一個舒適的場所，並決定如何將這場焦點團體錄下。首要選擇無干擾的錄影方法以確保舒適的環境，若有敏感或有被污名化主題的情況下，只要錄音就好。如果是團隊進行焦點團體，事先決定好誰提出問題、誰做觀察並做筆記。準備一份開放式和非誘導性問題的指南，避免使用專業術語和行話。在建立指南時，要考慮參與者的經驗：首先從一般性的參與式問題（例如，參與者的自介和對主題的一般性意見）開始，進入探索性問題（例如，深入了解主題的細節，優缺點、情緒等），最後則是退出問題（例如，「這個主題還有漏掉什麼沒講到的嗎？」或「還有什麼要補充的嗎？」）。

4 進行訪談

首先，說明焦點團體的目的，並介紹現場的所有人，包括引導者及其角色。在焦點團體期間，照著問題指南，確保不要提出封閉或誘導性問題，並保持問題簡短扼要。引導者應保持中立和同理，避免個別參與者主導對話。嘗試讓安靜的人多多參與，並明確指出焦點團體不是要在團體中達成共識，而是要了解更多不同的觀點。如果可以，助手也能當場將參與者的關鍵回答以條列、

10 實驗中通常使用對照組：一組接受特定治療，而另一組對照組則不接受任何治療或接受標準治療。

心智圖或圖形記錄的形式記錄下來。在焦點團體結束時，向參與者提議，請大家給予回饋並檢視內容。焦點團體的長度通常為1.5–2 小時。

5 後續追蹤

在進行焦點團體後，要馬上寫下自己的重點心得，並與團隊比較彼此的紀錄內容（除了引導者外，在場可能有外部觀察員）。檢視收集的資料並建立索引、標記出重要的部分。為每場焦點團體寫一份簡短的摘要，內容包括你的綜合關鍵發現以及原始資料，例如引述、照片或影片等來佐證。比較不同焦點團體的關鍵發現。兩者內容是否相符，可以找到模式嗎？如果有發現差異，試著找出原因，並進行更多場焦點團體，直到找出造成特定偏差的原因，或者直到樣本夠大，足以找到模式（或者直到找不到模式，這都是結果）。別忘了將摘要連結到焦點團體收集的資料上（例如：為資料建立索引）。

方法說明

→ 焦點團體常會受到研究員意見的影響（例如，無意識地帶有偏見的說明），這就是觀察者效應。另一個問題是群體思維 – 參與者可能會受到最外向或最有影響力的團體成員的影響。解決此問題的一種方法是，首先在焦點團體之前進行一個「隔離的」步驟，讓參與者單獨寫下他們的觀點，然後兩兩彼此討論，或與研究員討論。之後，才與整個焦點團體見到面。或者，也可以先念出所有人想法，或者在團體中尋找共同的模式，以無威脅的方式激發討論，進而讓某些聲音「被聽見」，不必直接歸因於個人意見。這可以使人們感到比較有自信，樂於表達自己的觀點，也較不容易受到團體中最外向或最有影響力的成員的影響。

→ 焦點團體引導者經常需要面對的另一個問題是社會期許偏差 – 參與者會說出被認為是「正確」的選擇，而不是他們真正想的或做的。**處於觀察狀態的人們經常說出他們認為應該說的話，而不是如實描述他們實際的行為。**為了解決這個問題，可以使用混合方法，先展示一些原始資料，顯示人們的「真實」行為。公開表示你了解現實處境，也要建立安心空間[11]，使參與者感到舒適、願意公開發言。◂

11 有關如何在工作坊中建立安心空間的詳細說明，見 #TiSDD 第 10 章，**主持工作坊**。

訪談指南

坊間已有許多關於如何進行訪談的書籍以及相關論文。以下分享我們訪談時經常運用的一些技巧：

→ **建立信任**

運用訪談中安心空間[12]的一些規則。自我介紹，並介紹現場的其他人。明確表示你在乎受訪者的回答，並且是要向受訪者學習，不是只來確認研究假設的。

→ **使用清晰的語言**

用清晰的語言提出問題，一次提出一個問題。否則，可能會使受訪者感到困惑。避免使用行話或專業術語。說話時要盡量謹慎。

→ **避免封閉式問題**

避免會帶來簡單「是」或「否」答案的封閉性問題。你的問題應該要讓受訪者能詳細闡述特定主題。如果進行半結構式訪談，要遵循訪談指南，但也要對受訪者回答的方向保持開放。

→ **避免誘導性問題**

盡量避免誘導性問題，像是提出特定的猜測或假設，而讓受訪者被引導回答特定的答案。誘導性問題通常是訪談者帶有潛在確認偏誤的徵兆。可以讓第二位研究員交叉檢視問題，有助於發現這種偏誤。

12 關於建立安心空間的技巧，見 #TiSDD 第 10 章，**主持工作坊**。

→ **聆聽**

這聽起來比實際做要容易得多。給受訪者一些時間思考，不要催促他們立即回答。有時候，沉默片刻會讓訪談者感到不自在，但是給受訪者一些時間思考可以幫助他們整理思緒，挖掘更多，也能表達更多想法。

→ **覆述**

覆述是一種手法，訪談者用自己的話重複受訪者剛剛說的話。這可以幫助訪談者檢視自己是否正確理解，還是只聽到想聽的內容。覆述也使受訪者有更多時間思考他們剛才所說的內容，並描述更多細節。

→ **運用「五個為什麼」**

「五個為什麼」是一個簡單但有效的訪談技巧。訪談者將受訪者的初始答案大約重述為以「為什麼」開頭的問題，大約五次。隨著每個接續的答案，參與者將從更簡單和表面的答案轉向更深層的動機和根本原因。

→ **規劃訪談問題**

你要提出哪些訪談問題？這些可能與研究問題有所不同，但可能會稍微或間接地涉及主題。◂

非參與式觀察

研究員透過行為觀察收集資料，不主動與受訪者互動。

時間	**準備**：0.5 小時 -2 週（視可及程度和法規） **活動**：1 小時 -4 週（視觀察數量和研究目標） **後續**：0.5 小時 -2 週（視資料量和資料類型）
物件需求	筆記型電腦、相機、攝影機、錄音筆、法律協議（同意書／保密協議書）
活動量	中
研究員／主持人	至少 1 名（2-3 名研究員較佳）
參與者	至少 5 名（通常以每組 20 名為理想人數）
預期產出	文字（場域研究筆記）、照片、影片、錄音檔、草圖、物件、統計資料（例如：每小時來客數）

與參與式觀察相反，研究員在非參與式的手法中扮演的角色比較有距離。研究員也不跟研究受訪者互動；他們就如同「牆上的蒼蠅」一般[13]。研究對象常是顧客、員工或其他利害關係人，在與研究問題相關的情境中被觀察，例如，使用或提供實體或數位的服務、產品。通常非參與式觀察用來平均掉其他方法的研究員偏誤，揭露人們說的話與實際行動之間的差異。

13 你也可以進行外顯的非參與式觀察。例如，讓研究員坐在會議或工作的現場但不積極參與。亦見 #TiSDD 5.1.3，**資料收集**中的文字框「**外顯 *vs.* 隱蔽研究**」。

A 人們所說的話與所做的事情通常會有所不同。使用三角檢測來交叉檢視方法之間的發現。

B 嘗試區分具體的觀察結果和你自己的解讀（第一層次／第二層次）。

非參與式觀察可以是外顯的也可以是隱蔽的。外顯的意思是研究對象知道有研究員在場，但不與彼此互動，例如，當研究員與員工一起參加會議但完全不干涉。可以與其他方法結合使用，例如事後進行深入訪談以了解情況，並學習與會人員的不同觀點和其他的企圖。當人們因為意識到自己被觀察而改變或試圖改善行為時，外顯的非參與試觀察可能會因觀察者效應而產生偏誤。隱蔽的非參與式觀察是指在人們不知道自己正在被觀察的情況下觀察研究對象。例如，有時研究員會假裝成顧客或路人，甚至使用單面鏡，將「觀察者效應」的風險降到最低。撇開潛在的道德問題，如果人們不願參與你的研究，這通常也是一個選擇。

在非參與式觀察中，重點不只在觀察人們做什麼事情（例如從他們的肢體語言和手勢中解讀），也要觀察人們什麼事情沒做（也許是忽略說明或不開口尋求協助）。視合作的國家和組織的不同，別忘了提早確認會需要哪些法律、道德和保密協議，以及可以收集哪些形式的資料，尤其是在隱蔽的非參與式觀察中。避免在未經陌生人同意的情況下拍攝照片或錄影。如果無法拍攝照片或影片，可以使用素描或事後與工作夥伴重建現場，以取得情境脈絡。▶

步驟指南

1 定義研究問題

定義研究問題，或想了解什麼。思考一下為什麼要進行研究（探索性研究 vs. 確認性研究），以及想怎麼處理研究的發現（人物誌、旅程圖、系統圖等），也要考慮可能需要的樣本大小。

2 規劃與準備

根據你的研究問題，設定合適的地點場域選擇標準。根據研究重點，可能觀察對象以及情境較重要，也有可能情境脈絡（何時何地）更為重要。想想能收集的資料類型有哪些，以及要進行外顯或隱蔽的非參與式觀察。也要考慮客戶端或專案中其他部門有誰要一起參與研究。根據想要了解的事項、如何執行、以及打算如何處理資料，準備一份簡短的觀察指南。

3 進行觀察

在進行非參與式觀察時，試著盡可能不要干擾參與者。使用智慧型手機或任何其他不打擾的裝置來收集資料會比較好。你可以將非參與式觀察與其他方法並用，例如，加上後續的深入（回溯）訪談，以交叉確認觀察的情況。在觀察期間，試著盡可能收集大量無偏見的「第一層次」原始資料。參與式觀察的長度和深度隨研究目標的而有所不同：從在顧客旅程的特定時刻進行的多次 2 分鐘快速觀察，到幾天甚至幾週的觀察，例如，當在整個專案期間內對專案團隊進行外顯的非參與式觀察。

4 後續追蹤

在進行觀察後，要馬上寫下自己的重點心得，並與團隊比較彼此的紀錄內容。檢視所有資料並建立索引，標記出重要的部分。試著從資料中找出模式。為每一場觀察寫一份簡短的摘要，內容包括你的綜合關鍵發現以及原始資料，例如引述、照片或影片等來佐證。別忘了運用索引將摘要連結到原始資料上。

方法說明

- 除了進行質化研究（例如觀察肢體語言、手勢、事件流程、空間或物件的使用、互動等）外，研究員也可以做些量化研究，例如計算（a）一小時內有多少顧客路過店面，（b）之中有多少進入店內，以及（c）之中有多少人有與員工互動。可以將這些數字彙總成一組簡單的轉換漏斗（a）→（b）→（c），並與其他店家或其他通路（例如線上轉換通路）的資料進行比較。這樣一來，研究員便可以一併觀察其他人、數位介面或機器。

- 進行非參與式觀察的一種相當特殊的方法是「電話監聽」：也就是讓研究員監聽電話。這主要用於電話客服中心，以研究客服人員與顧客之間的對話。電話監聽可以在現場即時進行，或是用錄下來的電話內容。接著，研究員進行對話的分析，以了解顧客和員工遇到的共通問題。現在，擴增實境裝置、穿戴式感應器和其他記錄設備都能為服務設計師提供新的資料收集方法，這些方法不但提供了嶄新的訪查管道，也更符合對隱私和同意管理領域的新要求。◂

行動民族誌

整合多種自傳式民族誌，在引導式的研究設定中，透過如智慧型手機等行動裝置收集資料。

時間	準備：0.5 小時 -2 週（視可及程度和法規） 活動：2 小時 -4 週（視觀察數量和研究目標） 後續：0.5 小時 -2 週（視資料量和資料類型）
物件需求	筆記型電腦、行動民族誌軟體、有時需準備法律協議（同意書／保密協議書）
活動量	低
研究員／主持人	至少 1 名（2-3 名研究員較佳）
參與者	至少 5 名（通常以每組 20 名為理想人數）
預期產出	文字、照片、影片、錄音、日期與時間資訊、地理位置定位、受訪者資料的統計資料

一個行動民族誌的研究專案可以包含數名到上千名參與者，記錄自己與品牌、產品、服務、活動等等的經驗。參與者會作為活躍的研究員，將自己的經歷用手機日記的方式進行自我記錄。參與者記錄經驗，但研究員可以檢視、彙整、並分析收集的資料。在某些情況下，研究員可以寄送通知與參與者保持聯繫，以進行持續的指導、交予任務、或者要求提供相關經歷的更多詳細資訊。[14]

行動民族誌主要關注的是做紀錄的顧客和員工，他們記錄自己的例行公事，

14 有關行動民族誌與其他民族誌手法的比較，見 Segelström, F., & Holmlid, S. (2012). "One Case, Three Ethnographic Styles: Exploring Different Ethnographic Approaches to the Same Broad Brief." In Ethnographic Praxis in Industry Conference Proceedings, (pp. 48–62). National Association for the Practice of Anthropology. 有關在觀光產業中應用行動民族誌的更多範例，見 Stickdorn, M., & Frischhut, B., eds. (2012). *Service Design and Tourism: Case Studies of Applied Research Projects on Mobile Ethnography for Tourism Destinations*. BoD– Books on Demand。

或依照特定研究任務來記錄任何與給定研究問題或與主題相關的內容。

專門用來做行動民族誌的 App 讓參與者可以記錄自己在整個顧客旅程中，以及跨所有線上和線下通路中所有的經驗。除了文字、照片、影片和量化評估外，這類 App 還會收集時間和位置的相關資訊，用來繪製旅程圖或地理圖。行動民族誌以一種自我結構化的手法為基礎，因此會請參與者記錄自己認為夠重要的任何事。由於收集的資料在網頁版的軟體中匯總，讓分散各地的研究員團隊可以即時進行分析。

行動民族誌對一兩天或長時間的研究非常適合，也適用於人們不願與他人談論的私密主題。所收集的時間和地理位置定位資料可有效支持任何地理位置佔非常重要元素的專案（例如觀光或城市體驗）。►

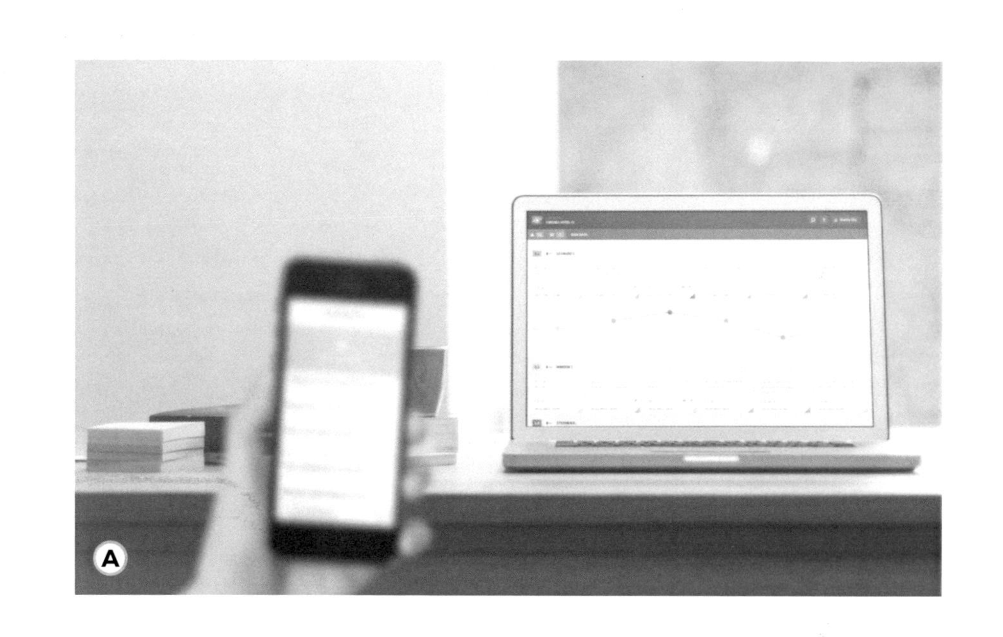

A 參與者使用 App 逐步報告和評估他們的經驗。記得要提供酬勞，否則可能會找不到足夠的參與者。研究員可以即時查看研究參與者上傳的資料，並可以立即開始進行分析。[15]

15 照片提供：ExperienceFellow。

步驟指南

1 定義研究問題

定義研究問題，或有興趣的重點。思考一下為什麼要進行研究（探索性研究 vs. 確認性研究），以及想怎麼處理研究的發現，也要考慮可能需要的樣本大小。

2 規劃與準備

根據你的研究問題和目標，使用抽樣工具來選擇研究參與者，也可以考慮請內部專家或外部機構來協助招募。規劃酬勞內容（記得，這是請他們做事！）並好好考慮如何溝通專案：要設定什麼期望？主要任務是什麼？招募參與者通常是行動民族誌研究中最困難的部分。確認拍攝照片或影片是否有任何法律限制，以及是否需要讓參與者簽署同意／保密協議。此外，也要考慮客戶端或專案中其他部門有誰要一起參與研究。

3 設定專案、邀請參與者

為此次行動民族誌專案選擇合用的軟體，然後設定專案。注意給參與者的任務：保持簡短扼要。幫你的參與者背景資料設定問題，以便將之分為與目標組或人物誌匹配的小組。製作邀請函，用來解釋專案的目標和任務。提供明確的指示，說明如何加入專案、如何記錄他們的經驗、以及會得到的酬勞。若把這些步驟變成小遊戲，並根據收集到資料的有用程度提供不同的酬勞，也會蠻有幫助的。此外，可能的話，在研究前安排與參與者進行訪談，以釐清過程並了解他們的背景，和對研究主題的期望。可以從一個小規模的試行專案開始，仔細檢查任務指示是否明確，並且確認所收集的資料對研究目標是有用的。

4 收集資料

當你找來參與者，並開始收集資料後，就可以即時查看資料。你可以立即開始整合和分析資料，整理並標記他們記錄的經驗，或畫出旅程圖，作為研究牆或工作坊的資料來源。或者，你也可以運用引導性研究手法：引導性研究是指在特定的時間（例如，在活動結束後或每天的早晨提醒，或在希望特定參與者詳細闡述有趣、不清楚的內容時）向參與者發送通知訊息。為參與者設定明確的時程，以讓便他們了解時間範圍，也知道何時會停止收集資料。

5 後續追蹤

檢視收集的資料，試著從旅程圖中找出模式（正面和負面的都要）。可以的話，找參與者進行一場研究後續訪談，進一步探討出現的關鍵問題。根據參與者的背景資料，運用排序和篩選選項來搜索不同組的不同議題。在完成個人的分析後，馬上寫下自己的重點心得，並與團隊比較彼此的記錄內容。檢視所有資料並建立索引，標記出重要的部分。試著在自己的資料和所有研究員的資料中找出共通模式。寫一份簡短的摘要，內容包括你的綜合關鍵發現以及原始資料，例如引述、照片或影片等來佐證。或者，也可以為找出的每個參與者小組建立複雜的旅程圖。

方法說明

→ 跟所有研究方法一樣，行動民族誌也有一些缺點，例如，此方法對參與者動機的高度依賴、以及缺少肢體語言和語調之類的線索。此外，行動民族誌不適用於短時間的體驗：最短持續時間約以 2-4 小時為佳。由於體驗時間較短，因此手機的使用會嚴重影響單一參與者的體驗，也會發現資料存在很大的偏誤。

→ 解決潛在偏誤的一種方法是運用方法三角檢測。行動民族誌與深度訪談相結合尤其有效，在深度訪談中，讓研究員向參與者做後續說明，在這樣的說明會議中，大家一起瀏覽參與者的資料，反思和解碼其含意，以及記錄下來的原因。這也讓研究員可以對關鍵議題進行更深入的研究。◄

文化探針

挑選過的研究受訪者根據研究員給的特定任務收集資訊。

時間	**準備**：1 日 -2 週（視可及性、程度、和法規） **活動**：1-6 週（視研究目標和程度） **後續**：1 日 -2 週（視資料量和資料類型）
物件需求	實體或虛擬文化探針包（包括說明、筆記本／日記、拋棄式即可拍相機），攝影機或錄音筆（這些較常用於虛擬文化探針），法律協議備用
活動量	低
研究員／主持人	至少 1 名
參與者	5-20 名
預期產出	文字（自己記錄的筆記、日記）、照片、影片、錄音、物件

在這個手法中，研究員會準備一個包裹寄給參與者，包裹內包括一組說明、一本筆記本和一個拋棄式即可拍相機，現在，通常也可以用線上日記平台或行動民族誌的 App 來進行。研究參與者則要按照指示，透過場域筆記和照片、和／或收集相關物品，自行記錄某些經驗。[16]

文化探針可以是記錄一天、一週甚至幾年的日記。可能會讓參與者照著簡單的劇本用自己的智慧型手機拍照，或用照片記錄自己如何在不同脈絡中使用特定產品。

16 關於更多如何在設計裡運用文化探針，見 Gaver, B., Dunne, T., & Pacenti, E. (1999). "Design: Cultural Probes." *Interactions*, 6(1), 21–29。

文化探針及其內容有很多種樣貌。有時，研究員會用每天或每週的電子郵件、短信引導參與者，給予任務以做記錄或關注。文化探針通常是被用來獲得最貼近參與者的洞見，而無需研究員在場。它能幫助研究員瞭解並克服文化的界線，將多元觀點帶進設計流程中。

文化探針的目標是取得沒有偏誤的資料，受訪者於沒有研究員在場的情況下，自己從脈絡中收集資料。一般常建議在進一步的研究中運用其他方法（例如，參與式觀察或共創工作坊）找出更多資料，或者作為深度訪談中的刺激練習。▶

A 飛行旅行體驗研究的文化探針（觀察包）內容。[17]

B 為顧客準備的觀察包裡有明確的說明、拋棄式即可拍相機、以及機場和飛機部分平面圖。[18]

C 這本日記是一份文化探針的一部分，目的在了解患有長期疾病的人們一整天中的感受。[19]

17 照片來源：Martin Jordan。
18 照片來源：Martin Jordan。
19 照片來源：Lauren Currie and Sarah Drummond。

步驟指南

1 定義研究問題

定義研究問題，或有興趣的重點。思考一下為什麼要進行研究（探索性研究 vs. 確認性研究），以及想怎麼處理研究的發現（人物誌、旅程圖、系統圖等），也要考慮可能需要的樣本大小。

2 找出參與者

根據你的研究問題，定義合適參與者的標準，除了決定要把文化探針包寄給誰外，也要想好在何時何地進行。使用抽樣工具來選擇研究參與者，也可以考慮請內部專家或外部機構來協助招募。

3 規劃與準備

根據你的研究目標，規劃文化探針包裡的物件，並準備一份詳細的說明。內容可以包括日誌研究、拍照、描述參與者如何使用產品／服務／商品、記錄體驗或系統等的說明。一定要測試你的說明指示，確保內容清楚易懂，避免研究員和參與者之間產生誤解。定義參與者應如何記錄任務：實體日記、線上部落格、智慧型手機 App、或運用不同媒介的組合。不要忘了說明研究專案，以及參與者上傳資料的時程和截止日期。此外，也要規劃給參與者的酬勞內容（這對他們來說是有激勵效果的！）。掌握了文化探針包的所有元素後，就開始準備，寄給參與者。

4 寄出文化探針包

將文化探針包寄出，內附一份寄回包裹的回郵信封。另外，要附上聯絡資訊，若參與者有問題或弄丟探針包中的物品時，有辦法聯繫。文化探針的長度和深度隨研究目標而有所不同：從一天到幾週不等。

5 後續追蹤

檢視寄回的包裹內容，並為收到的資料建立索引。標記出重要的部分，試著從資料中找出模式。必要的話，也可以和參與者約一場後續的訪談。寫下自己的重點心得，運用研究員三角檢測方法，請不同的研究員來檢視同一份資料，並與團隊比較彼此的紀錄內容。寫一份簡短的摘要，內容包括你的綜合關鍵發現以及原始資料，例如引述、照片或影片等來佐證。別忘了運用索引將摘要連結到原始資料上。

方法說明

→ 文化探針常是多種方法的結合，例如結合自傳式民族誌、日誌研究、和行動民族誌，並且也經常與深度訪談相結合，以回溯的方式檢視收集的資料。

→ 視合作的國家和組織的不同，別忘了事先確認會需要哪些法律、道德和保密協議，也要確認能收集哪類型的資料。◂

共創工作坊

共創工作坊的成果多半是以假設為基礎的人物誌、旅程圖或系統圖。這些成果應被理解為開發中的工具，對於團隊來說，將這些內容作為規劃研究過程的共同出發點，或用來評估、強化收集的資料，都是非常有價值的。

以假設為基礎的旅程圖可以讓你更清楚在研究中該問誰、何時何地進行、問什麼或觀察什麼，有助於設計有效的研究流程。但風險在於，在研究流程中，你只會找到用來確認假設的資料：也就是確認偏誤。為避免這種情況，試著對研究員、方法和資料進行三角檢測，以消除潛在的偏誤。此外，邀請外部人員參加「評論工作坊」[20] 或進行專案監督（有時也稱為「魔鬼代言人（devil's advocates）」）都有助於發現這種偏誤。如果你從以假設為基礎的旅程圖開始，記得不斷挑戰你的假設。過了一段時間後，假設型的旅程圖應該能發展為研究型的圖，建立在研究資料的紮實基礎上，其嚴謹度和重要性都會有所提升。

要仔細思考應該邀請誰參加這類共創工作坊，因為結果會完全取決於參與者對主題的了解程度。在決定要找誰、不找誰時，也可以想想哪些觀點夠有趣、適合納入。當專案涵蓋社會中的邊緣群體時，這點尤其重要。如果工作坊的具體結果不夠充分，被邀請者可能會覺得共同設計只是一場假的活動。他們可能會感到不被尊重：有人向自己諮詢，但並不鼓勵對專案產生真正的影響。因此，當你邀請人們參加共創工作坊時，一定要依照基本的道德標準，聆聽他們的意見，並將他們的觀點納入考量。◂

20 評論工作坊（critique session，或 crit session），通常是在設計和藝術學院裡，同儕或老師對學生作品進行評價的階段（評圖）。在服務設計中，評論工作坊指的是邀請不熟悉你專案的人來評論你的產出，包括問一些真的很笨、設計團隊中沒有人敢問的問題—類似軟體開發中的「小黃鴨除錯法」。見 Hunt, A., & Thomas, D. (2000). *The Pragmatic Programmer: From Journeyman to Master*. Addison-Wesley Professional。

共創人物誌

運用一群參與者的知識建立一組人物誌。

時間	**準備**：0.5 日 -2 小時 （視小組大小和資料量） **活動**：2-4 小時 （視小組大小、資料量、人物誌數量） **後續**：1-3 小時 （視人物誌數量和預期的精細程度）
物件需求	紙、筆、紙膠帶、紙本模板（非必要）、研究資料作為討論的依據、激發參與者的靈感
活動量	中
研究員／主持人	至少 1 名
參與者	約 5-20 名，要對目標族群（例如，顧客、不同部門）有深度了解
預期產出	人物誌草稿（實體或數位）、工作坊照片、參與者的引述（錄音或文字）、工作坊進度影片

任何共創工作坊結果的品質，取決於工作坊參與者的相關知識。在這類情況下，則取決於參與者有多了解你要用人物誌代表的人群。例如，如果要建立顧客的人物誌，最好邀請每天與顧客直接接觸的一線員工。如果與不具備相關知識或對該主題只擁有表面或抽象知識的人進行共創工作坊，請務必謹慎。因為結果可能看似可信，但實際上卻非常偏頗。例如，若行銷團隊在沒有前置質化研究、且對顧客的日常生活缺乏深入了解的狀況下進行人物誌共創工作坊，結果往往只代表了他們心中的理想顧客樣貌。在設

計流程中運用這種理想化的人物誌是有風險的，因為最終可能會產出缺乏真正顧客基礎的概念。[21]

除了工作坊參與者的專業知識外，任何共創工作坊的第二個重要因素是在工作坊之前進行的前置質化研究。根據經驗，你帶到工作坊的研究資料越有價值，結果就越具有代表性。▶

21 見 #TiSDD 3.2 **人物誌**，亦見 #TiSDD 第 10 章：**主持工作坊**，了解更多有用的主持訣竅，以及如何建立安心空間。

A 雖然從年齡和性別開始建立人物誌很容易，但這樣對背景資料會蠻有偏誤的。要多考慮一些足以區分你打算用人物誌代表的群體的因素。

B 在共創工作坊中建立的人物誌品質取決於參與者對人物誌基礎群體的了解，以及建立人物誌的流程。首先要進行發散，建立許多不同的觀點，然後收斂到最有用和最符合現實的觀點。

步驟指南

1 規劃與準備

決定要邀請誰來參加工作坊，並準備邀請函。描述工作坊的目的、為工作坊設定期望、並規劃給參與者的酬勞。準備空間（或選擇其他用來舉辦工作坊的場地）並寫下清單，以免忘記任何重要的素材（模板、便利貼、筆、研究資料等）。寫一份主持議程以及主持指南，透過暖場等方式建立安心空間。

2 歡迎參與者、分組

在工作坊的一開始，歡迎參與者、說明工作坊的目標和議程、介紹所有參與者。暖場後，將參與者分成 2 至 3 人的小組。介紹人物誌的概念，解釋模板內容，並給予人物誌模板清晰的操作說明。[22]

3 建立初版人物誌

讓每組為最常見的顧客樣貌建立 3 至 5 個人物誌。此外，也可以建立一些極端的顧客人物誌（讓人最有壓力的顧客、理想顧客等）。主持人應確認所有團隊都聚焦共同的重點，並依照相同的指示進行。

4 發表與群集

讓每組展示他們的人物誌，並黏貼在牆上。立刻將相似的人物誌群集在一起。你會意識到當小組從彼此的笑聲、點頭和微笑中認出熟悉的顧客樣貌。這時，要求小組詳細描述這些人物誌，並嘗試找出是哪些細節讓他們認出某個人物誌代表的潛在顧客。

5 討論與合併

給參與者一些時間反思，重新整理排列和群集。讓小組自己選擇最常見的人物誌。這些通常是牆上最大的人物誌群集，或者是大多數參與者會笑或點頭的人物誌。

22 見 #TiSDD 第 3 章：**基本服務設計工具**，有相關基本服務設計工具和方法描述。

詢問參與者所選的人物誌是否足以代表心目中顧客性別、年齡和其他量化因素。如果不夠，請做些修正以符合這些因素。最終的背景資料分佈不必具有代表性，但是如果年長女性顧客在業務中佔重要的角色的話，只做年輕男性人物誌就不太對了。根據合併的資料，為主要群集建立新的人物誌。

6 視覺化與驗證

加入研究資料產出的事實或與其他利害關係人共同討論內容，將人物誌變得更豐富。將人物誌視覺化並完成它。此步驟可以在工作坊之後，或在另一場工作坊與不同參與者一起完成。

7 迭代修正

與不同的參與者進行多次工作坊。注意工作坊中發現的模式，也可能會需要邀請參與者回來參加最終場工作坊，以將所有人物誌合併成完整版的組合。

8 後續追蹤

瀏覽筆記，檢視工作坊參與者記錄的不同內容。為資料建立索引並標記出重要的部分。必要的話，將旅程圖重製成好理解的格式（實體或數位）。寫一份簡短的摘要，內容包括你的綜合關鍵發現以及在工作坊中收集的旅程圖、原始資料，例如引述、照片或影片。

方法說明

→ 可以與不同的參與者進行多次工作坊，以找出不同參與者或不同工作坊環境之間的模式。

→ 有時安排與部分或所有參與者的後續訪談，可以有效了解他們的觀點並提出後續問題。找出比較安靜的參與者，他們可能偏好在一對一的情況下而不是在工作坊中與你交談。◂

共創旅程圖

運用一群參與者的知識建立旅程圖或服務藍圖。

時間	**準備**：0.5 日 -2 小時 （視小組大小、旅程圖複雜度、和資料量） **活動**：1-8 小時 （視小組大小、資料量、旅程圖複雜度） **後續**：0.5-8 小時 （視人物誌的複雜度和預期精細程度）
物件需求	紙、便利貼、筆、紙膠帶、紙本模板（非必要）、研究資料作為討論的依據、激發參與者的靈感
活動量	中
研究員／主持人	至少 1 名
參與者	約 3-12 名，要對特定經驗和觀點有深度了解（例如，特定目標族群的顧客、不同部門的員工）
預期產出	旅程圖草稿（實體或數位）、工作坊照片、參與者的引述（錄音或文字）、工作坊進度影片

進行共創旅程圖工作坊，要邀請對於相關經驗有深厚知識的參與者。若要建立一個顧客經驗的旅程圖，那就找顧客（對，真的顧客！）／一線的員工來參與。如果與不具備相關知識或對該主題只擁有表面或抽象知識的人進行共創工作坊，請務必謹慎。因為結果可能看似可信，但實際上卻非常偏頗。例如，若 IT 團隊在沒有前置質化研究、且對顧客的日常生活缺乏深入了解的狀況下進行線上客服經驗旅程圖的共創工作坊，結果往往只代表了他們心中的理想流程，而不是真正的顧客經驗。[23]

23 見 #TiSDD 3.3 **旅程圖**，亦見 #TiSDD 第 10 章：**主持工作坊**，了解更多有用的主持訣竅，以及如何建立安心空間。

考慮邀請一群觀點相同（例如，一個特定目標族群的顧客）或是有著不同觀點（例如，不同目標族群的顧客、或顧客與員工）的工作坊參與者。清楚溝通旅程圖的範圍，像是高層次的旅程圖，或是針對高層次圖中某個特定情況的詳細旅程圖。

步驟指南

1　定義主角與旅程的範疇

選擇一位主要角色（例如一個人物誌），讓工作坊參與者穿上他人的鞋子，同理這位角色的經驗。定義故事的時序（「範疇」）。是10分鐘、2小時、5天、或10年的經歷？ ►

A 參與者在共創旅程圖過程中分享他們的個人經驗或研究結果。

B 視覺化有助於理解每個步驟的脈絡，並使參與者能夠更快找到方向。

C 使用大型模板能迫使參與者站起來，讓大家聚焦共同的重點。

2 規劃與準備

決定要邀請誰來參加工作坊，並準備邀請函。描述工作坊的目的、為工作坊設定期望、並規劃給參與者的酬勞。準備空間（或選擇其他用來舉辦工作坊的場地）並寫下清單，以免忘記任何重要的素材（模板、便利貼、筆、研究資料等）。寫一份主持議程以及主持指南，透過暖場等方式建立安心空間。

3 歡迎參與者、分組

在工作坊的一開始，歡迎參與者、說明工作坊的目標和議程、介紹所有參與者。暖場後，將參與者分成 3 至 5 人的小組，並給予清晰的操作說明。

4 找出階段與步驟

讓工作坊的參與者從旅程圖的粗略階段開始，像是一段假期的「找靈感、計劃、預訂、體驗、分享」。接著，用人物誌的故事補上細節。有時候，可以從「中間」最關鍵的步驟開始，然後問自己之前發生了什麼、之後發生了什麼，也會蠻有幫助的。使用簡單的便利貼來做，以便輕鬆增加或去掉某些步驟和階段。

5 迭代與細修

從頭到尾檢視一遍，細修旅程的內容，檢查有沒有錯過某個步驟，或者在某些部分是否需要更多／更少的細節。可以隨時將一個步驟分解為兩個或多個步驟，也可以將幾個步驟壓縮為一個步驟。根據專案的不同，試著在整個旅程圖中找到一致層級的細節，或更詳細地強調旅程的特定部分。

6 增加角度（非必要）

增加更多整理資料的角度，例如：故事板、情緒旅程、通路、參與的利害關係人、戲劇曲線、後台流程、「如果……會怎麼樣？」情境等。

7 情緒旅程演練（非必要）

要求小組把他們的旅程圖步驟編號，然後讓其中一組的一位參與者逐步向整組或隔壁組介紹他們的主角和旅程圖。

每位工作坊參與者都應自己寫下自己認為主角在每個步驟的感受，例如，從 –2（非常不滿意）到 0（無所謂）到 +2（非常滿意）。在第二步中，讓每位參與者在旅程圖的情緒旅程上標上這些數值。這樣就能看到整組認為是正面或負面體驗的步驟，但同時也會發現評分差異很大的步驟。將這個結果作為討論的依據，並確認是否需要釐清主角（人物誌）或步驟說明，還是有其他原因導致該組成員想法不一致。

8　討論與合併

給參與者一些時間反思。討論不同組旅程圖之間的異同。請小組將不同的圖合併到一張（或多張）圖中，同時記下不同的觀點和洞見 – 以後可能會派上用場。

9　後續追蹤

瀏覽筆記，檢視工作坊參與者記錄的不同內容。為資料建立索引並標記出重要的部分。有時，和部分或所有參與者約一場後續的訪談或後續工作坊也會很有幫助。必要的話，將旅程圖重製成好理解的格式（實體或數位）。寫一份簡短的摘要，內容包括綜合關鍵發現以及在工作坊中收集的旅程圖、原始資料，例如引述、照片或影片。

方法說明

→ 定義要在工作坊中繪製的經驗的情境脈絡（工作日或週末、白天或夜晚、夏季或冬季、下雨天或晴天等）。這樣能幫助工作坊的參與者建立共同的參考框架。

→ 可以與不同的參與者、在不同的情境脈絡下、或依據不同人物誌的旅程圖進行多次工作坊，以找出模式，並了解不同模式間的特殊差異。◄

共創系統圖

用視覺化圖表展現服務與實體或數位產品的生態系統。

時間	準備：1-2 小時（視小組大小和資料量） 活動：2-8 小時（視小組大小、資料量、系統複雜度） 後續：1-4 小時（視人物誌的複雜度和預期精細程度）
物件需求	紙、筆、紙膠帶、紙本模板（非必要）、研究資料作為討論的依據、激發參與者的靈感
活動量	中
研究員／主持人	至少 1 名
參與者	約 5-20 名，要對生態系統和特定觀點有深度了解（例如，顧客、不同部門）
預期產出	系統圖草稿（實體或數位）、工作坊照片、參與者的引述（錄音或文字）、工作坊進度影片

為每場工作坊定義一個特定的視角（例如，從顧客或員工的視角），並邀請對生態系統有深刻理解的參與者，可以是從共同的角度（像是以顧客的角度來看）或從不同的角度（像是不同的內部部門，若想了解內部利害關係人系統的話）。這有助於設定明確範疇（例如，旅程圖中的特定情況），以及情境脈絡（例如，工作日的白天），也有助於讓工作坊參與者都能在資訊同步的狀況下共事。[24]

除了工作坊參與者的專業知識外，任何共創工作坊的第二個重要因素是在

24 #TiSDD 3.4 系統圖，和 #TiSDD 第十章：**主持工作坊**。

工作坊之前進行的前置質化研究。根據經驗，你帶到工作坊的研究資料（展示成研究牆、簡單的心智圖、或研究報告）越有價值，結果就越具有代表性。

如果與不具備相關知識或對該主題只擁有表面或抽象知識的人進行共創工作坊，請務必謹慎。因為結果可能看似可信，但實際上卻非常偏頗。例如，若管理團隊在沒有前置質化研究、且對員工的日常作息缺乏深入了解的狀況下進行內部利害關係人系統的共創工作坊，結果多半只代表了他們心中理想的組織結構，而不是現況的正式、非正式網絡。►

A 紙本模板可幫助參與者入門，並認真執行任務。他們對工具越熟悉，模板就越不重要。

B 價值網絡圖很快就會變得很混亂。嘗試聚焦圖上某個焦點，以保持總觀。

步驟指南

1 規劃與準備

決定要邀請誰來參加工作坊，並準備邀請函。描述工作坊的目的、為工作坊設定期望、並規劃給參與者的酬勞。準備空間（或選擇其他用來舉辦工作坊的場地）並寫下清單，以免忘記任何重要的素材（模板、便利貼、筆、研究資料、人物誌、旅程圖等）。寫一份主持議程以及主持指南，透過暖場等方式建立安心空間。

2 歡迎參與者、分組

在工作坊的一開始，歡迎參與者、說明工作坊的目標和議程、介紹所有參與者。暖場後，將參與者分成 3 至 5 人的小組，並給予清晰的操作說明。

3 建立初版利害關係人圖

讓每組建立第一版利害關係人圖。主持人應確認所有團隊都聚焦共同的重點，並依照相同的指示進行，像是：

— **列出角色／利害關係人**

對欲描繪的生態系統中的（潛在）參與者或利害關係人進行分類。使用列表或便利貼來寫下或勾勒出角色或利害關係人。

— **排列角色／利害關係人的優先順序**

根據共同的標準，對角色／利害關係人進行優先順序的排序。可以把標準提供給參與者，或讓每組定義自己的標準。

— **在圖上描繪角色／利害關係人**

根據優先順序，在圖上排列角色／利害關係人。每個利害關係人使用一張便利貼，可以方便移動。

— **描述利害關係人之間的關係（非必要）**

勾畫角色／利害關係人之間的關係，以描繪生態系統中的相互依賴關係。

4 發表與群集

讓每組展示他們的系統圖。將每組不同的圖並排掛在牆上，讓整個團隊相互比較。

5 討論與合併

給參與者一些時間反思。討論不同組旅程圖之間的異同。請小組將不同的圖合併到一張（或多張）圖中，同時記下不同的觀點和洞見 – 以後可能會派上用場。

將不同的圖合併成一份參與者都同意的圖。

6 測試生態系統中的不同情境（非必要）
再次分組，讓小組在建立的利害關係人圖中測試不同的情境。

7 迭代修正與驗證（非必要）
做一些快速研究，檢查在工作坊中討論到的未解決的問題。也要瀏覽你的筆記，檢視工作坊參與者記錄的不同內容。也可以與不同的參與者進行多次工作坊，找出不同參與者之間的模式。

8 後續追蹤
為資料建立索引並標記出重要的部分。有時，和部分或所有參與者約一場後續的訪談或後續工作坊也會很有幫助。必要的話，將旅程圖重製成好理解的格式（實體或數位）。寫一份簡短的摘要，內容包括綜合關鍵發現以及在工作坊中收集的旅程圖、原始資料，例如引述、照片或影片。

方法說明

→ 你可以在初次客戶會議期間，運用利害關係人圖來了解其內部正式和非正式的結構（例如，測試組織有多顧客導向）。在不提及顧客關注的情況下，例如，請他們以「重要性」的優先順序排列 B2B 銷售流程中涉及的每個人。如果「顧客」或「使用者」不在此圖的中心，就馬上透露這個組織實際上有多顧客導向了。

→ 在系統圖共創工作坊中，你可以使用利害關係人系統圖來代替紙本模板。用真實的人物或人型來描繪利害關係人，分佈在一個空間裡或舞台上。這種方式更具有互動性，參與者也更能輕鬆與某些利害關係人產生同理。也可以使用像是調查性排練之類的戲劇工具，來探索特定的關係。[25]

◀

25 有關利害關係人的更多資訊，見 #TiSDD 6.7.3 **用系統圖發想點子**，亦見「**調查性排練**」的方法說明（第 7 章）。

建立一面研究牆

透過研究資料在牆面上的視覺排列，整合與分析研究資料。這是一個實用的手法。

時間	0.5-8 小時（視複雜度和資料量）
物件需求	研究資料、牆面、紙、筆、紙膠帶
活動量	中
研究員／主持人	至少 1 名（理想的組成是 2-3 名研究員的團隊）
參與者	2-12 名（非必要，最好是研究團隊本身成員）
預期產出	研究資料的視覺排列

你可以將研究牆[26]想像成在許多驚悚片中，警探們解構犯罪現場資料的較複雜版本（像是 *CSI* 犯罪現場影集），牆上有許多類型的資料（引述、照片、網站或影片的螢幕截圖、統計資料、物件等）。

研究牆幫助你找出資料中的模式，同時也是一個讓你與他人分享研究進程的地方。通常可以透過根據特定類別對資料進行分群或建立一份簡單的心智圖，開始整合資料。運用互動式收斂方法（像是章魚群集法）是不錯的選擇。[27]

26 見 #TiSDD 8.3 **服務設計與軟體開發**，案例說明如何使用研究牆來連接研究、概念發想、原型設計、落實的不同服務設計活動。也有許多名稱不同的相似方法；例如，IDEO/d.school 的「Saturate and Group」方法。

27 見「**章魚群集法**」的方法說明（第 6 章）。

你可以把找出的各種模式視為中途的研究成果。然後，再運用像是人物誌、旅程圖、系統圖、關鍵洞見、待辦任務、使用者故事或研究報告之類的工具進行探索、視覺化、或精煉內容。但是，在研究員開始運用這些工具之前，通常會先建立某種形式的中途層級的成果—多半是用視覺化的方式來呈現資料模式。這些模式也常會引出有待進一步研究的新假設、或修正過的假設。試著尋找與初始假設相矛盾的內容，加入使用者逐字稿、照片、錄音／影片記錄的佐證，以「提出充分的證據」。許多這類中途的洞見都能用簡單的圖表和草圖來展現，在向內部外部團隊簡報時非常有用。

▶

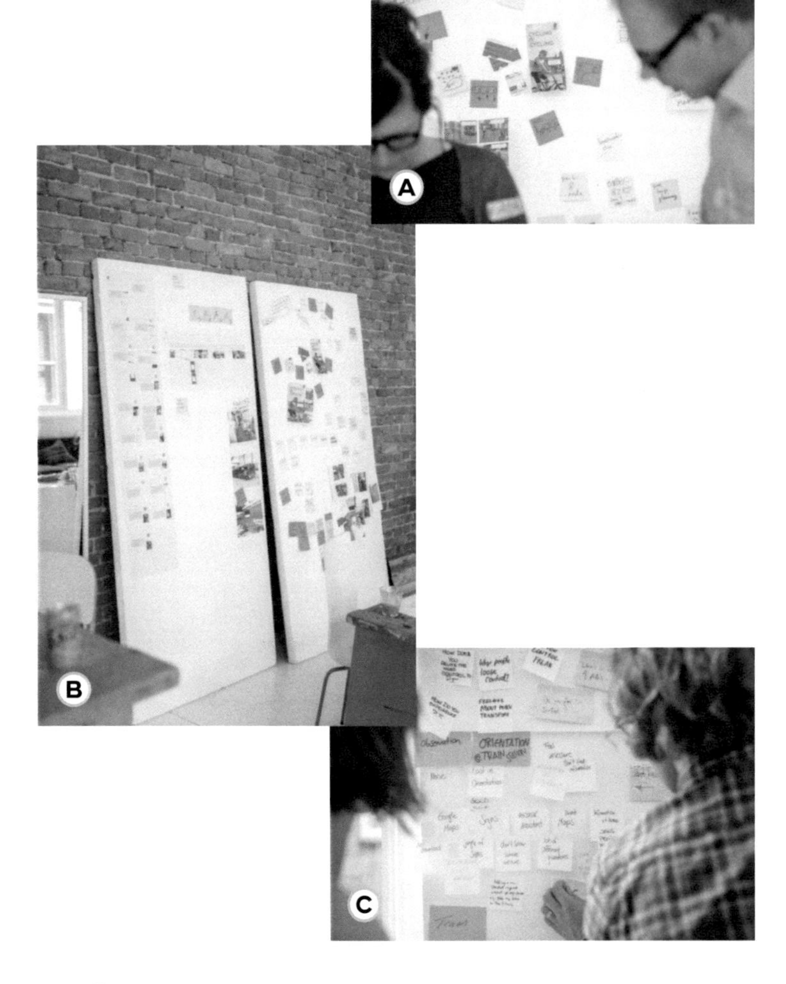

A 研究牆可以涵蓋任何類型的資料，像是受訪者的引述、照片、螢幕截圖、物件、有時加入影片也可以。

B 使用風扣板來貼資料，讓團隊在不同空間中移動時，也能好好保存研究資料。

C 試著用群集資料、在不同區塊加上標題來組織研究牆上的內容。

步驟指南

1 準備與印出資料

準備一個牆面或大型的紙板／風扣板，把資料貼出來。印出最重要的照片、寫出厲害的引述、將錄音或影片用引述或螢幕截圖呈現，並把收集來的物件和其他可能有用的資料展示出來。準備好空間中所需的必要素材，例如紙、便利貼、筆、當然還有研究資料。此外，也要考慮應該找誰一起來建立這面牆。

2 盤點資料清單

為資料建立分類目錄，像是「5 段家庭的視訊訪談、25 段共同問題的顧客引述、15 張重要情況的照片⋯⋯」，以確保不遺漏任何東西。可以是一份簡單的清單列表，或根據資料索引來製作的心智圖。

3 建立研究牆

將素材貼／掛在牆面上，然後開始依照自己的想法群集資料。可以依據特定主題做分類，像是某類客群、訪談脈絡、共同的問題、或旅程圖的步驟等。為分群命名，並尋找分群之間、或與單一素材之間的連結。可以重複多做幾次群集，並試著把群集與不同的初步主題進行多次連結。

4 後續追蹤

將研究牆拍照記錄，並總結關鍵的發現。也可以將相同的材料分配給不同的小組，以進行交叉檢視和研究員三角檢測。你可以在資料收集之初就建立一面研究牆，並使用來自研究的新資料對牆面內容進行迭代修正。

方法說明

→ 在進行群集時，你應該會注意到在一邊建立牆面內容時，也一邊在（下意識地）建立連結了。試著避免確認偏誤，免得一直在尋找支持假設的證據，卻忽略了其他資料。

→ 在整個專案中保持研究牆清楚可見，以便團隊成員在後續進行設計決策時，隨時可以回來查看資料。◄

建立人物誌

建立一個特定虛擬人物的豐富描述，來表示一群人的典型樣貌，像是一群顧客、使用者、或員工。

時間	0.5-8 小時（視複雜度和資料量）
物件需求	研究資料、人物誌模板（紙本或數位）、紙、筆、紙膠帶
活動量	中
研究員／主持人	至少 1 名（理想的組成是 2-3 名研究員的團隊）
參與者	2-12 名（非必要，最好是研究團隊本身成員）
預期產出	人物誌

人物誌[28]代表擁有共同興趣、共同行為模式、或相似地理位置、身分背景的一群人。但是，像是年齡、性別或居住地等人口統計資訊常會產生誤導，因此要小心，避免落入刻板印象[29]。你可以利用現有的目標市場客群，也可以藉機挑戰當前的客群，試著運用更有意義的標準。

在發展顧客人物誌時，目標應該是建立代表主要市場客群，大約 3–7 個核心人物誌，讓全公司都能運用。如果做超過此數量，就不太可能在工作中使用，因為大家記不得。我們經常看到這些核心人物誌在整個公司中被使用，變得像大家的好朋友一樣。員工記得人物誌的背景故事、不同的

28 有關人物誌的簡介，見 #TiSDD 第 3 章：**基本服務設計工具**。有關如何建立和使用人物誌的全面介紹，見 Goodwin, K. (2011). *Designing for the Digital Age: How to Create Human-Centered Products and Services*. John Wiley & Sons。

29 見《Wired》雜誌 2016 年 3 月 27 日的文章「Netflix's Grand」，Daring, Maybe Crazy Plan to Conquer the World，其中引用了 Netflix 產品創新副總裁 Todd Yellin 的話：「我們隨時手邊都擁有大量的資料。那座資料山由兩部分組成：99% 的垃圾，1% 的黃金 ... 地理位置、年齡和性別？這些我們放在垃圾那堆裡。」

期望、和行為模式。遵循「為一般人設計；找極端值來測試」的原則，就能建立更多的「邊緣」人物誌，讓使用者光譜中較極端的人來測試點子與原型。儘管在設計過程中，主要還是使用核心人物誌，但在這些極端情況下儘早測試想法也是必要的。例如，這類極端邊緣的人物誌可能是永遠不會使用你產品服務的人。這樣一來，你也許就能調整一點概念，把這些內容涵蓋進去，讓產品在核心目標客群之外，也能提高實用性。

在專案中，通常會混用不同的方法來建立人物誌，例如，自己先以一些快速、假設型的人物誌開始，然後邀請一線員工和其他利害關係人參加共創工作坊[30]，發展更多假設型的人物誌。在第三步中，將這些假設型人物誌進行匯總、變得更加豐富、並加上以研究為基礎的資料作為支持。

30 有關如何為此目的舉辦共創工作坊的詳細描述，請參見方法**共創人物誌**。

Ⓐ 若從人口統計開始建立人物誌，像是年齡、性別、國籍、工作等，會有落入刻板印象的風險。嘗試從你的研究中建立人物誌，從資料中的模式開始。

Ⓑ 用人物誌生活的背景照片來豐富人物誌的內容。這些情緒圖像應反映你的研究結果。例如，如果遇到像「他們身上會帶現金還是信用卡？」之類的問題，一張人物誌隨身攜帶物品的照片就能在發想和原型製作過程中帶來幫助。

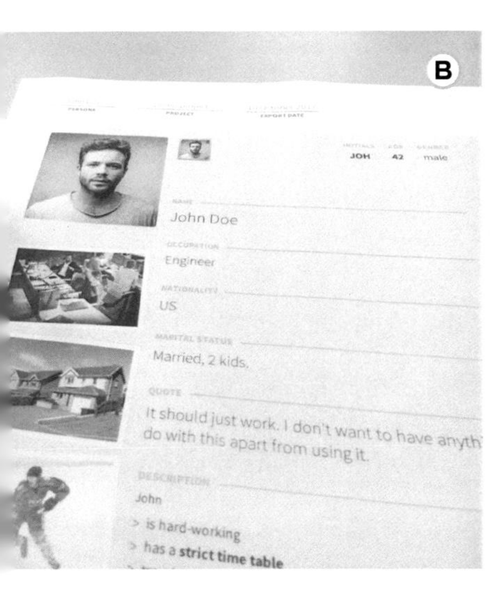

步驟指南

1 準備與印出資料

運用研究牆，或印出最重要的照片、寫出厲害的引述、將錄音或影片用引述或螢幕截圖呈現，並把收集來的物件和其他可能跟人物誌相關的資料展示出來。準備好空間中所需的必要素材，例如人物誌模板、紙、便利貼、筆、當然還有研究資料。此外，也要考慮應該找誰一起來建立人物誌。

2 定義組別

定義一組一組要用人物誌來表示的顧客、員工／利害關係人。使用研究牆、研究資料或現有市場客群來幫助定義。有時，在情緒旅程中發現通路的使用、步驟順序或模式明顯不同時，也可以將旅程圖上的不同模式作為人物誌的基礎。

3 建立人物誌

定義可以區分出人物誌組別的條件，這是人物誌的起點。準備一份清單，包含要增加在人物誌中的其他條件，然後開始將研究資料和發現合併到不同的人物誌中。不時退後一步檢查一下，確認人物誌是否符合現實、還是有點太假、太虛構、太像拼湊而成。記得，建立人物誌的主要原因之一是要能夠對他們產生同理，因此需要在保持真實性的同時，平衡一下要放在人物誌中的不同因素和標準。有時，使用簡單的矩陣或合集圖，把不同人物誌之間的相互關係標示出來也蠻有用的。

4 迭代修正

驗證基本的假設，找出研究缺口，然後重複迭代：▶

— 人物誌有沒有少了什麼資料？修正研究，並提出研究問題以填補缺口。

— 別人是否認同這些人物誌？向一線員工展示核心人物誌，並請他們指出符合人物誌的顧客。檢查有誤或遺漏的部分。

— 真的可以找到符合人物誌的人嗎？使用現有研究資料或做研究來找出答案。必要的話，建立新的人物誌、修改現有人物誌、並丟掉無用的人物誌。

5 後續追蹤

將研究牆拍照記錄，並總結關鍵的發現。必要的話，將人物誌的精細程度重製成好理解的格式，在組織內發送，或提供給客戶（實體或數位都可以）。

→ 引述能使人物誌更加生動。人物誌都怎麼談論自己的生活型態，會怎麼說你的公司？照片也有助於人們對人物誌產生更多的同理。選用一般人的照片，避免使用藝人的照片；你的顧客不是只有名人而已。

→ 在建立人物誌時，賦予這些虛構原型真實的名字，會讓人覺得更親切。

→ 有許多用來建立人物誌的模板，也有不少製作完整人物誌的指南。同理心地圖就是一種常用的手法，幫助找出潛在的痛點和益點，並包含像是「顧客的想法、感受／聽到什麼／看到什麼／說什麼／做什麼」等主題。

→ 為了進一步提升人物誌，運用人物誌的目標、問題和未被滿足的需求，以激發「如果……會怎麼樣？」情境，以及用概念發想來修正現有服務或開發新服務。你也可以用這些資訊來引導民族誌研究的招募，或作為旅程圖、服務藍圖的起點。[31]

→ **建立人物誌時，最常見的陷阱是創造出「理想中的顧客」，而不是現實生活中會見到的顧客。**當每天不與顧客接觸的人做出完全以假設為基礎，也沒有研究資料支持的人物誌時，就會發生這種情況。這些人物誌其實是沒什麼用處的，甚至可能帶有風險，因為會讓你以錯誤或誤導性的假設作為設計過程的基礎。最後可能發展出不完全適合目標族群的點子、概念或原型。◄

31 這是 Phillippa Rose 提供的訣竅。關於她如何將人物誌用在服務設計專案裡的案例，見 #TiSDD 5.4.3 **案例：發展並使用寶貴的人物誌**。

建立旅程圖

隨著時間軸，用視覺化圖表展現一個人物誌主角的特定經驗。

時間	1-8 小時（視複雜度和資料量）
物件需求	研究資料、人物誌、旅程圖模板（紙本或數位）、紙、筆、紙膠帶
活動量	中
研究員／主持人	至少 1 名（理想的組成是 2-3 名研究員的團隊）
參與者	2-12 名，要對研究資料或旅程圖中的經驗有深度了解（非必要）
預期產出	旅程圖

旅程圖能視覺化地展現出現有經驗（現況旅程圖）或規劃出來但尚未存在的新經驗（未來旅程圖）[32]。與服務藍圖或業務流程圖不同之處在於，旅程圖關注人們的經驗，透過一系列步驟來描述某個角色的故事。[33]

旅程圖的基本結構由步驟與階段組成，步驟與階段定義了描繪的經驗的層次，有呈現完整經驗的高層次旅程圖，也有只呈現幾分鐘的細節旅程圖。可以把旅程圖的比例想像成地圖的縮放：整個國家的地圖可以瀏覽比較大的範圍，而區域或城市的地圖則可以幫助你找到具體的目的地。如果要從一個地方開車到另一個地方，兩種都需要用到：用大的比例瀏覽，並

32 德國電信公司的 Anke Helmbrecht 描述了其有用性：「我們開始以量化和質化研究為基礎，運用現況旅程圖來記錄所有核心顧客的體驗。現在我們了解目前狀況如何，可以就需要改進的方面以及原因進行有依據的決策。」

33 服務藍圖通常用於管理中，並且主要關注客戶行為與內部和外部流程的關係。業務流程圖通常用於工程設計中，並且主要關注服務的技術流程，而較少關注客戶體驗。有很多方法可以將體驗可視化為地圖。見 Kalbach, J. (2016). *Mapping Experiences: A Complete Guide to Creating Value Through Journeys, Blueprints, and Diagrams*. O'Reilly。

在必要時放大地圖。隨著規模的增加（即更長的時間範圍），每個步驟的細節程度會降低：高層次旅程圖提供整段經驗的概覽，而詳細的旅程圖則著重細節。除了步驟和階段的基本結構外，可以在旅程圖上新增其他欄位，讓內容變得豐富。[34]

以研究為基礎的現況旅程圖是根據研究資料來視覺化的現有經驗。另一種方式是不用研究資料，而是假設型的現況旅程圖，這樣的方式相對容易且做起來很快。因此，團隊經常傾向於僅假設型的方式作業。這是很有風險的，因為只根據我們的假設建立的旅程圖往往極具誤導性。

有時，從以假設為基礎的旅程圖開始，以了解如何架構研究過程是合理的：先看看要問誰、問什麼，何時何地進行等等。但是，要注意確認偏誤的風險。如果你從以假設為基礎的旅程圖開始，記得不斷挑戰你的假設。過了一段時間後，假設型的旅程圖應該能發展為研究型的圖，建立在研究資料的紮實基礎上。[35] ▶

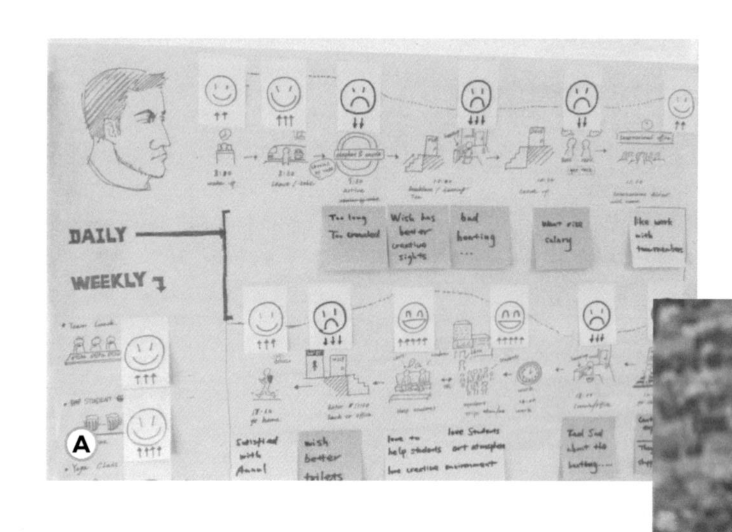

Ⓐ 一份帶有二種不同層次視覺化的旅程圖，展現每日及每週的使用者活動，包含草圖故事板、情緒旅程、與使用者需求[36]。

Ⓑ 旅程圖軟體能幫助你快速建立專業的旅程圖，即使團隊分散各地[37]。

34 關於其他視覺化工具的概述，見 #TiSDD 第 3 章：**基本服務設計工具**。

35 關於如何在服務設計專案中運用旅程圖的詳細案例研究，見 #TiSDD 5.4.4 **案例：用旅程圖描繪研究資料**，和 5.4.5 **案例：建立現況與未來旅程圖**。

36 照片：Wuji Shang and Muwei Wang, MDes, Service Design and Innovation, LCC, University of the Arts, London。

37 照片來源：Smaply。

步驟指南

1 準備與印出資料

旅程圖通常與資料收集一起迭代建立，以快速概覽研究資料。準備好空間中所需的必要素材，例如旅程圖模板、紙、便利貼、筆、當然還有研究資料、現有人物誌、旅程圖或系統圖。也要考慮應該找誰一起來建立旅程圖。

2 定義主角（人物誌）

選擇旅程圖的主角－要穿上誰的鞋子，同理他？或者，也可以先不依照特定人物誌，直接使用旅程圖來群集資料，並從顧客身上找出不同的體驗模式。這些對顧客族群分類、建立人物誌是非常有用的指標。

3 定義範圍與範疇

定義故事的框架，是 10 分鐘、2 小時、5 天、或 10 年的經歷？寫下顧客旅程的各個階段。階段是經驗的高層次段落，像是假期的「找靈感、計劃、預訂、體驗、分享」階段。然後，依照這些階段對研究進行群集，並再次找尋資料中的缺口。如果發現缺口，就立刻回頭做更多研究。這是一個反覆迭代的過程！

4 加上步驟

用步驟填補顧客旅程的各個階段。將步驟與資料連結，並運用索引來追蹤。有時候，可以從「中間」最關鍵的步驟開始，然後問自己之前發生了什麼、之後發生了什麼，也會蠻有幫助的。使用簡單的便利貼來做，以便輕鬆增加或去掉某些步驟和階段，也別忘了使用研究牆上的材料。照片、草圖、螢幕截圖和物件都有助於將經驗變得可見，也可以做成故事板，加到旅程圖中。

5 迭代與細修

從頭到尾檢視一遍，細修旅程的內容，檢查有沒有錯過某個步驟，或者在某些部分是否需要更多／更少的細節。可以隨時將一個步驟分解為兩個或多個步驟，也可以將幾個步驟壓縮為一個步驟。根據專案的不同，試著在整個旅程圖中找到一致層級的細節，或更詳細地強調旅程的特定部分。邀請真正的顧客或一線員工提供回饋，並用這些回饋來進行修正。

6 增加欄位

根據專案的目標，增加更多欄位來展現經驗的特定面向，像是故事板、情緒旅程、通路、參與的利害關係人、戲劇曲線、後台流程、「如果……會怎麼樣？」情境等[38]。每個步驟的故事板視覺化通常是不可或缺的，因為這可以幫助人們理解該步驟的脈絡，並更快地掌握旅程圖。此外，情緒旅程也被視為是旅程圖的重點，因為可以輕鬆地從人物誌的角度了解痛點在哪裡。一般來說，會依照手邊的研究資料來決定需要增加其他哪些欄位，將必要的資料視覺化。

7 後續追蹤

將研究牆拍照記錄，並寫一份旅程圖的簡短摘要。必要的話，將旅程圖重製成精美、外部人員好理解的格式。選擇方便在組織內發送，或提供給客戶的格式（實體或數位都可以），並添加足夠的脈絡資訊，讓關鍵發現更清楚明瞭。

方法說明

→ 顧客旅程代表的是單一顧客的經驗，並不展示如果／那麼決策、循環或決策樹等。可以把主角未採取的另一條路新增為可能的選項，但最好在單獨的個人旅程圖中列出。

→ 為了提高研究型旅程圖的嚴謹性，應包括真實資料，尤其是第一層次資料，像是顧客或員工的引述、照片或影片的螢幕截圖。

◀

38 見 #TiSDD 第 3 章：**基本服務設計工具**，提供了一些有用的附加欄位的概述。亦見 #TiSDD 3.3 中的文字框「**戲劇曲線**」，描述一種用來分析現況旅程圖中現有經驗的好手法。

建立系統圖

用視覺化圖表展現服務與實體或數位產品的生態系統。

時間	1-8 小時（視複雜度和資料量）
物件需求	研究資料、人物誌、旅程圖、系統圖模板（紙本或數位）、紙、筆、紙膠帶
活動量	中
研究員／主持人	至少 1 名（理想的組成是 2-3 名研究員的團隊）
參與者	2-12 名，要對研究資料或旅程圖中的經驗有深度了解（非必要）
預期產出	系統圖

「系統圖」是一些不同視覺化手法的統稱，如利害關係人圖、價值網絡圖、或生態系統圖。[39] 這些圖都可以從多方觀點來建立。系統圖可以從顧客的角度系統來描繪，包括範圍內的競爭對手以及可能與組織沒有直接關係的外部相關角色。此外，系統圖也可以關注業務本身，將相關支援流程的外部利害關係人視覺化，展現各個部門和業務部門。[40]

系統圖與其他服務設計的工具有明顯的關係，如人物誌與旅程圖。當顧客彼此有聯繫，或不同組顧客之間存在（潛在）衝突時，這一點顯得特別有趣。由於利害關係人可以是旅程圖的一部分（例如，透過旅程圖上的特定欄位來總結每個步驟所涉及的內部／外部利害關係人），因此，你可以將這類資料視為系統圖的基礎，來理解某段旅程中角色之間的關係。▶

39 關於系統圖類型的概述，見 #TiSDD 第 3 章：**基本服務設計工具**。

40 系統圖在產品服務系統創新的脈絡中特別有用。見 Morelli, N. (2006). “Developing New Product Service Systems (PSS): Methodologies and Operational Tools.” *Journal of Cleaner Production*, 14(17), 1495-1501。

由於系統圖可能變得非常亂，因此應該要在圖上保持清晰的焦點。不要試圖在同一張的利害關係人圖上放上能想到的每個利害關係人；為不同目的製作不同的圖會比較好。例如，此類地圖可以聚焦內部利害關係人，以展現正式和非正式的內部網絡；也可以聚焦一段特定的經驗（例如，根據旅程圖內容）以獲得整體角色的概覽；或者聚焦利害關係人之間的交易，了解系統內的財務流。

系統圖是整合研究資料、找出可靠訪談對象的絕佳工具。記得，研究是迭代的，可以先使用這些圖來尋找研究中的缺口，接著在後續的研究迭代中進行調查。

Ⓐ 核心團隊之外的人常難以理解像是利害關係人圖、價值網絡圖、或生態系統圖。當你用這類系統圖來溝通時，要將圖精簡到最重要的事實。

Ⓑ 系統圖除了可以幫助你了解服務或實體／數位產品周遭廣大的網絡之外，也是了解自己或客戶組織的好工具。

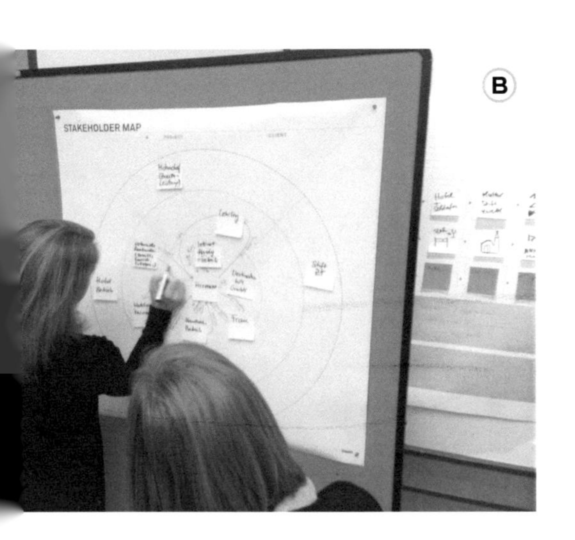

步驟指南

1　準備與印出資料

系統圖通常與資料收集一起迭代建立，以快速概覽研究資料。運用研究牆，或印出最重要的照片、寫出厲害的引述、將錄音或影片用引述或螢幕截圖呈現，並把收集來的物件和其他可能跟特定系統或網絡相關的資料展示出來。準備好空間中所需的必要素材，例如系統圖模板、紙、便利貼、筆、當然還有研究資料、現有人物誌、旅程圖或系統圖。也要考慮應該找誰一起來建立系統圖。

2　列出角色／利害關係人

檢視資料，對欲描繪的生態系統中的（潛在）角色或利害關係人進行分類。使用列表或便利貼來寫下或勾勒出角色或利害關係人。

3　排列角色／利害關係人的優先順序

根據共同的標準，對角色／利害關係人進行優先順序的排序。可以把標準提供給參與者，或讓每組定義自己的標準。

4　在圖上描繪利害關係人

根據優先順序，在圖上排列角色／利害關係人。每個利害關係人使用一張便利貼，可以方便移動。

5　描繪利害關係人之間的關係（非必要）

勾畫角色／利害關係人之間的關係，以描繪生態系統中的相互依賴關係。也可以將系統圖做成價值網絡圖，說明彼此之間交換的價值類型。思考一下像是信任／不信任、交換的任何類型資訊（以及透過哪個管道／媒介交換），需要提供服務或顧客使用的任何物件、正式與非正式的層級結構（由誰提供、誰獲得權力）等等價值。▶

6 找出缺口並迭代修正

系統圖中有沒有少了什麼資料？將缺口作為研究問題，修正研究、填補缺口。根據系統圖的焦點，試著在整個圖中找到一致層級的細節，或更詳細地強調系統的特定部分。邀請真正的顧客或員工提供回饋，並用這些回饋來進行修正。

7 後續追蹤

將進度拍照記錄，並寫一份系統圖的簡短摘要。必要的話，將系統圖的精細程度重製成方便在組織內發送，或提供給客戶的格式（實體或數位都可以）。

方法變化型

— **利害關係人圖**根據特定的優先順序將系統中的利害關係人視覺化描繪出來。排列利害關係人優先順序最簡單方法之一是從顧客的角度評估每個人的重要性，從（a）必要、（b）重要、到（c）有趣。在 B2B 情境中，根據利害關係人與組織之間的接觸程度來評估會比較有意義，從（a）直接接觸／第一級（b）間接接觸／第二級，再到（c）間接／第三級等。

— **價值網絡圖**是利害關係人圖的延伸，但更描繪了各個利害關係人在生態系統內的價值流。內容可能是整個網絡中的資訊流，或生態系統內的財務流。可以使用這個方法來找出網絡中的瓶頸或隱藏的重要人士。

— **生態系統圖**是利害關係人圖或價值網絡圖的延伸。但除了典型的利害關係人（人員和組織）外，還加上了其他角色，像是通路、場所、（數位）平台、網站、App、售票機等。這可能有助於發現與其他（不太明顯）利害關係人的隱藏關係。舉大眾交通工具的售票機為例：誰負責維護或清潔？收集的資訊去哪了？除了電力，還需要什麼基礎設施，誰提供？誰負責購買或設計機器？等等。◂

發展關鍵洞見

以精簡可行的格式，摘錄主要的發現，與專案團隊進行內外部溝通。

時間	0.5-4 小時（視複雜度和資料量）
物件需求	研究牆或其他可取得的研究資料、人物誌、旅程圖、系統圖、紙、筆、紙膠帶
活動量	低
研究員／主持人	至少 1 名（理想的組成是 2-3 名研究員的團隊）
參與者	2-12 名，要對研究資料有深度了解（非必要）
預期產出	關鍵洞見

最早出現的洞見常在收集資料、建立研究牆、或為資料編碼時找到的模式產生[41]。這有助於在研究過程的任何階段擁有初步的假設、假說、和中途的洞見，然後使用收集的研究資料對這些假設進行批判檢視。如果你還沒有足夠的資料能嚴謹回應一個假設，就把這些初始洞見當作開始，回頭收集更多的資料。設計研究是迭代的！[42]

關鍵洞見可幫助研究員歸納和溝通主要的發現。關鍵洞見應以研究資料為基礎，並有原始資料的支持，像是引述、照片以及錄音／錄影記錄。建立索引來追蹤支持關鍵洞見的原始資料。關鍵洞見的用詞應該要小心謹慎，因為這會是後續設計流程的參考。你可以將關鍵洞見作為概念發想

41 見 #TiSDD5.1 **服務設計研究流程**，以及建立一面研究牆的方法描述。

42「不同於豐富的資料，洞見相對較少見。[…] 不過當他們產生時，聰明地運用資料得來的洞見是非常強而有力的。有能力從任何層次的資料發展出重大洞見的品牌與公司將會是贏家。」Kamal, I. (2012). “Metrics Are Easy; Insight Is Hard,” at *https://hbr.org/2012/09/metrics-are-easy-insights-are-hard*。

的基礎，或者稍後再評估點子、概念和原型。[43]

形成洞見的方法有很多，應該用哪種框架才有意義，取決於研究資料和專案目標。

以下模板是整理**洞見**的方法之一：

__________________（人物誌、主角、角色）

__________________（活動、行動、情況）

因為

__________________（目標、需求、結果）

但是

__________________（限制、障礙、阻力）

例如：「Alan 吃巧克力會有安全感，但是巧克力會使他變胖。」當研究之後接著是改善現況的概念發想階段時，以這種方式來形成洞見特別有用。透過此關鍵洞見框架的結構，就可以在三個不同層次上解決此問題：

Ⓐ 使用模板或特定的架構幫助發展關鍵洞見，但要不斷問自己，洞見的每一個層面是否都夠特定且清楚，是否有足夠的研究資料支持。

43 見 #TiSDD 5.1 **服務設計研究流程**，提供了關於索引的更多資訊，以及在研究達到理論飽和之前，需要收集的資料量。

— **活動／行動／情況**

關注活動／行動／情況層次（「吃巧克力」）能引出像是「Alan 可以做哪些替代的事情或其他活動，使他有安全感，又能有效克服既有的阻力？」的設計挑戰（這樣打開了思考的機會空間，例如，做額外的運動，這樣他仍然可以吃巧克力，但也達到不變胖的目標）。

— **目標／需求／結果**

關注目標／需求／結果層次（「有安全感」）能引出進一步的研究問題，像是「為什麼 Alan 沒有安全感？」或像是「還有其他哪些事物能幫助 Alan 獲得安全感？」的設計挑戰（打開了機會空間，提供其他讓他獲得安全感的替代方案，像是防身術課程，或其他能提升他的自信心的事物，但也達到不變胖的目標）。

— **限制／障礙／阻力**

關注限制／障礙／阻力層次（「使他變胖」）能引出像是「Alan 還能吃什麼不會使他變胖，但仍然能給他安全感的東西？」的設計挑戰（打開了其他食物選擇的機會空間，像是低碳水的巧克力、水果或蔬菜，使他有安全感，但也達到不變胖的目標）。

步驟指南

1 準備與印出資料

關鍵洞見通常與資料收集一起迭代建立，以快速概覽研究資料。運用研究牆，或印出最重要的照片、寫出厲害的引述、將錄音或影片用引述或螢幕截圖呈現，並把收集來的物件展示出來。準備好空間中所需的必要素材，例如紙、便利貼、筆、當然還有研究資料、現有人物誌、旅程圖或系統圖。也要考慮應該找誰一起來發展關鍵洞見。

2 撰寫初步的洞見

瀏覽研究資料，並根據研究發現或資料中發現的模式撰寫初步洞見。如果是團隊作業，把團隊成員分成 2 至 3 個人的小組，並根據研究列出初步洞見。在這個第一步中，要記錄許多潛在的洞見；在接下來的步驟中，就能將洞見合併，並進行優先排序，以產出幾個關鍵洞見。

3 分群、合併、排序

將洞見貼在牆上，並將相似的洞見聚集在一起。可以把相似的洞見合併在一起，也可以重新寫過，以讓兩者明顯不同。接著進行優先順序排列，例如，試著從顧客的角度出發來排序：哪一個對整體顧客體驗影響最大？

4 連結關鍵洞見與資料

關鍵洞見應始終以可靠的研究資料為基礎。將關鍵洞見與研究資料連結（例如，運用索引系統）。當發表關鍵洞見時，若能加上一些研究資料的支持，會很有幫助。可能的話，盡量使用第一層次結構作為關鍵洞見的證據，像是照片、影片、或真實人物的引述。

5 找出缺口並迭代修正

關鍵洞見中有沒有少了什麼資料？將缺口作為研究問題，修正研究、填補缺口。▸

也要邀請真正的顧客或員工來檢視洞見，提供回饋。

6 後續追蹤

將進度拍照記錄，並寫一份關鍵洞見的簡短摘要。使用研究資料中至少 2–3 個證據來支持每個關鍵洞見。如果有更多資料，運用索引系統，將洞見連結到所有原始資料。

方法說明

→ 這類關鍵洞見需要仔細、具體和精確地傳達。如果對洞見的用詞過於含糊，那麼它們帶來的設計挑戰和機會空間通常也會含糊不清。

→ 發展關鍵洞見似乎很容易，但也可能導致設計團隊做得太快，也不夠仔細。這些洞見其實一定要建立在廣泛的研究基礎上，並得到原始資料的支持。

→ 運用像是同儕審查和共創工作坊之類的策略，確保關鍵洞見對團隊和專案都有意義，並且可以作為後續發散式概念發想階段的跳板。[44]

→ 試著寫「階梯式」洞見以追求深度。舉個例子來說，如果你的洞見是「Alan 想要少吃點餅乾，因為他想要減肥。」然後接續「Alan 想要減肥，因為 ...」，接著回答這個問題，並將其放進第三個洞見，依此類推。在每個階段裡，一個洞見的「因為」陳述，就變成了新洞見的「什麼」陳述。這樣很快就會達到資料的極限，也有助於引導更多的研究。◄

44 關於更多同儕審查和共創公作坊的資訊，見 #TiSDD 5.1 **服務設計研究流程**，以及第 6 章：**概念發想**，說明如何將關鍵洞見用在概念發想中。

產出待辦任務的洞見

摘要顧客使用服務或實體／數位產品時想要達成的重點目標。

時間	0.5-4 小時（視複雜度和資料量）
物件需求	研究牆或其他可取得的研究資料、人物誌、旅程圖、系統圖、紙、筆、紙膠帶
活動量	低
研究員／主持人	至少 1 名（理想的組成是 2-3 名研究員的團隊）
參與者	2-12 名，要對研究資料有深度了解（非必要）
預期產出	待辦任務的洞見

待辦任務（JTBD）是另一種產出洞見的方法，由哈佛商學院的 Clayton Christensen 教授所命名，為創新提供了寶貴的觀點[45]。「待辦任務」描述一個產品能幫助顧客達成的目標。找出 JTBD 是一種擺脫當前解決方案，並為其他未來解決方案創造新參考框架的方法。JTBD 框架內容包括了社交、功能、和情感等不同方面。

以下模板是整理 JTBD 的方法之一

當

__________________________*（情境）*，

我想要

__________________________*（動機、動力）*，

這樣我就能

__________________________*（預期成果）*。

有時，在同一情境下至少有兩個不同任務時，可以附加一段起頭：▶

45 Clayton, M. C., & Raynor, M. E. (2003). *The Innovator's Solution: Creating and Sustaining Successful Growth*. Harvard Business School Press.

「身為…（人物誌／角色）」，當…」。不過，使用 JTBD 手法時，多半沒有人物誌或角色。Clayton Christensen 教授用經典的奶昔案例說明這個框架[46]：他調查了一個問題：「為什麼一間速食店在早上 8 點前就售出了半數的奶昔？」根據民族誌的迭代研究（簡短的觀察和訪談），研究團隊發現顧客試著完成一件非常具體的事，這也就是他們「聘請奶昔」的原因。Clayton 用這樣的方式表達了任務故事：「當我開車上班時，我想要吃點可以快速買到的東西，而且邊開車邊吃的時候不會分心，這樣我就能一路工作到午餐時間，都不會感到飢餓。」

顧客購買奶昔而不買香蕉、甜甜圈、貝果、巧克力棒或咖啡的原因是他們需要方便吃的東西，並能吃飽，直到午餐時間。在這個案例中，從顧客的角度來看，競爭對手並不是其他快餐連鎖店，而是可以為他們完成類似任務的替代品，例如冰沙。

46 Noble, C. (2011). *Clay Christensen's Milkshake Marketing*. Harvard Business School Working Knowledge.

以此框架為基礎的 JTBD 洞見與關鍵洞見非常相似 – 主要區別在於，關鍵洞見關注限制／阻力／問題，而 JTBD 則更關注於整體脈絡和動機。JTBD 手法的主要優點之一是，它可以幫助設計團隊跳脫當前的解決方案，根據顧客真正想達到的目標，挖掘出新的解法。

步驟指南

1 準備與印出資料

JTBD 洞見通常與資料收集一起迭代建立，或者可以用來幫助從研究轉成概念發想。JTBD 洞見也有助於發現研究資料中的缺口，並提出進一步的研究問題、假說、或假設。運用研究牆，或印出最重要的照片、寫出厲害的引述、將錄音或影片用引述或螢幕截圖呈現，並把收集來的物件展示出來。準備好空間中所需的必要素材，例如紙、便利貼、筆、當然還有研究資料、現有人物誌、旅程圖或系統圖。也要考慮應該找誰一起來發展 JTBD 洞見。

2 撰寫初步的 JTBD 洞見

瀏覽研究資料，並根據研究發現或資料中發現的模式撰寫初步 JTBD 洞見。如果是團隊作業，把團隊成員分成 2 至 3 個人的小組，並根據研究列出初步 JTBD 句子。在這個第一步中，要記錄許多潛在的任務；在接下來的步驟中，就能將洞見合併，並進行優先排序，以產出幾個任務。

3 分群、合併、排序

將任務貼在牆上，並將相似的任務聚集在一起。可以把相似的任務合併在一起，也可以重新寫過，以讓兩者明顯不同。接著進行優先順序排列，例如，試著從顧客的角度出發來排序：哪一個對顧客影響最大？

4 連結 JTBD 洞見與資料

JTBD 洞見應始終以可靠的研究資料為基礎。將 JTBD 洞見與研究資料連結（例如，運用索引系統）。當發表時，若能加上一些研究資料的支持，會很有幫助。可能的話，盡量使用第一層次結構作為關鍵洞見的證據，像是照片、影片、或真實人物的引述。

5 **找出缺口並迭代修正**

JTBD 洞見中有沒有少了什麼資料？將缺口作為研究問題，修正研究、填補缺口。也要邀請真正的顧客或員工來檢視洞見，提供回饋。

6 **後續追蹤**

將進度拍照記錄，並寫一份 JTBD 洞見的簡短摘要。使用研究資料中至少 2–3 個證據來支持每個關鍵洞見。如果有更多資料，運用索引系統，將洞見連結到所有原始資料。

方法說明

→ 如果問問自己，顧客或使用者想要做到什麼事情，JTBD 可以為一整個實體／數位產品或服務而發展，也可以為旅程圖中的某些步驟發展。因此，JTBD 可以是旅程圖背後的主要目標，也可以是旅程圖中的一個欄位，關注每一個步驟內的 JTBD。

→ 在旅程圖的每個步驟中寫出 JTBD，可以揭露沒有 JTBD 的步驟，也就是說，顧客做這件事只是為了服務提供者而做，不是因為他們想完成某件事。去除旅程中這類步驟可以讓服務提供者專注於必要的事物，帶來更好的體驗。◄

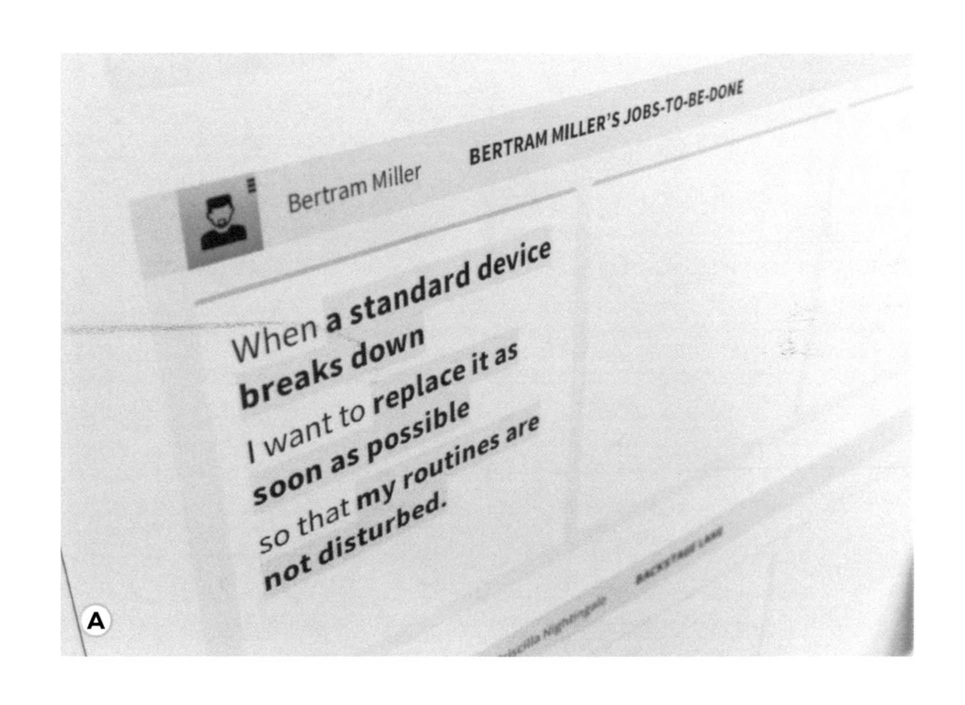

Ⓐ 待辦任務整合進旅程圖的其中一欄。

撰寫使用者故事

摘要顧客想要能夠做到的事情；用來橋接設計研究與軟體開發的規格定義。

時間	0.5-5 日（視複雜度和資料量）
物件需求	研究牆或其他可取得的研究資料、人物誌、旅程圖、系統圖、紙、筆、紙膠帶
活動量	低
研究員／主持人	至少 1 名（理想的組成是 2-3 名研究員的團隊）
參與者	2-12 名，要對研究資料有深度了解（非必要）
預期產出	使用者故事

使用者故事在軟體開發中是用來從使用者的觀點定義規格，取代產品導向的規格文件[47]。使用者故事可以用在設計流程中不同階段：

— 在研究過程中，用來要求可以在短時間內實現而無需事先進行原型製作的「非複雜功能」(「速成目標」或「容易實現的目標」)，或用來報告阻礙使用者操作或註冊軟體的嚴重錯誤

— 在概念發想和點子選擇期間，與他人一起在共創工作坊上與 IT 團隊講相同的語言，並將點子拆解成可行的功能特點

47 使用者故事被用在許多敏捷軟體開發的架構中，像是極限開發（XP）、Scrum、看板（Kanban）等。注意不同手法使用特定的模板來描述使用者故事。見 Schwaber, K., & Beedle, M. (2002). *Agile Software Development with Scrum (Vol. 1)*. Prentice Hall。

一般而言，使用者故事的公式如下：

身為______________________________*（使用者／人物誌／角色類型）*，
我想要____*（行動）*，
這樣一來____*（成果）*。

— 在原型測試過程中，快速決定哪些故事要涵蓋在第一個原型或 MVP 的一部分裡，以測試選定的故事，並決定要按什麼樣的順序將故事落實

— 在落實過程中，可以與以使用者故事為基礎的敏捷開發流程無縫整合，並能在落實過程中發生技術困難時，快速進行調整和迭代

軟體規格需求可以拆解為一整組使用者故事。

舉一個簡單的例子，與智慧型手機上跟定位服務有關的使用者故事可以這樣表達：「身為常客，我想要收到附近喜歡的餐館的通知，這樣一來我就不用搜尋。」

使用者故事不應該包含特定的 IT 專業術語。要從使用者的角度用簡單扼要的文字，讓每個人都能理解。在服務設計中，使用者故事可以用來連結設計研究與可行的方案，讓 IT 部門開發。通常，當研究團隊找到現有軟體的潛在的「速成目標」時，要做的就是將這些洞見整理成 IT 團隊開發「hotfix 修補程式」[48] 所需的使用者故事。在後續的階段中，也可以在原型測試、落實階段中運用這些使用者故事，將低擬真原型轉化為可操作的軟體。

如同旅程圖有許多不同的縮放程度，軟體規格也有不同比例。一組使用者故事可以結合為一個「史詩故事（epic）」，也就是軟體重點功能較長，但較不帶細節的故事。史詩故事概述了軟體可以做到的事。過一段時間後，通常會根據原型、使用者回饋和研究資料，將史詩故事分解為多個使用者故事。

若將上述智慧型手機定位服務的需求重新編寫為任務故事，看起來會像這樣：「當我在午餐時間漫步在一座新城市裡時，我想要在接近符合我偏好的餐廳時收到通知，這樣一來我就可以直接去那間餐廳，不用再搜尋。」

這個案例說明了使用者故事和任務故事之間的主要區別。這段任務故事較關注使用者案例的脈絡，且不像使用者故事帶有角色或人物誌。要跟 IT 團隊釐清他們使用什麼特定的框架來處理使用者故事、任務故事、史詩故事等。▶

48 hotfix 修補程式是針對軟體產品中緊急問題的快速解決方案。hotfix 修補程式通常是用來來修復重大的軟體錯誤。

步驟指南

1 準備與印出資料

使用者故事可以在服務流程的任何時候建立，也有助於發現研究資料中的缺口，並提出進一步的研究問題、假說、或假設。運用研究牆，或印出最重要的照片、寫出厲害的引述、將錄音或影片用引述或螢幕截圖呈現，並把收集來的物件展示出來。準備好空間中所需的必要素材，例如紙、便利貼、筆、當然還有研究資料、現有人物誌、旅程圖或系統圖。也要考慮應該找誰一起來發展使用者故事，特別要找 IT 部門的人。

2 撰寫初步的使用者故事

瀏覽研究資料，並根據研究發現或資料中發現的模式撰寫初步的使用者故事。如果是團隊作業，把團隊成員分成 2 至 3 個人的小組，並根據研究列出初步使用者故事。檢查資料，看看顧客期望與實際要做的事之間存在差異。寫下兩種情境的使用者故事：一款軟體今天做些什麼（產品導向），以及使用者期望它做些什麼（使用者導向）。將這兩個情境進行比較，就可以獲得改進軟體的洞見，也可以帶來一些達到「速成目標」的點子。

3 將故事群集成史詩故事

將使用者故事貼在牆上，並將相似的使用者故事聚集在一起。看看使用者故事群集是否可以組合為史詩故事。或者，某些使用者故事可能太大，已經是史詩故事，應將其拆解為較小的使用者故事。可以把相似的使用者故事合併在一起，也可以重新寫過，以讓兩者明顯不同。接著進行優先順序排列，例如，試著從顧客的角度出發來排序：哪一個對顧客影響最大？

4 連結使用者故事與資料

使用者故事應始終以可靠的研究資料為基礎。將使用者故事與研究資料連結（例如，運用索引系統）。當發表使用者故事時，若能加上一些研究資料的支持，會很有幫助。可能的話，盡量使用第一層次結構作為關鍵洞見的證據，像是照片、影片、或真實人物的引述。

除了使用者故事，你也可以運用 **JTBD 框架來整理任務故事**，例如：

當＿＿＿＿＿＿＿＿＿＿＿＿＿＿＿＿＿＿＿＿＿＿＿＿＿（*情境／脈絡*），
我想要＿＿＿＿＿＿＿＿＿＿＿＿＿＿＿＿＿＿＿＿＿＿＿＿＿（*動機*），
這樣我就能＿＿＿＿＿＿＿＿＿＿＿＿＿＿＿＿＿＿＿＿＿＿（*預期成果*）。

方法說明

5 找出缺口並迭代修正

史詩故事／使用者故事中有沒有少了什麼資料？將缺口作為研究問題，修正研究、填補缺口。也要邀請真正的顧客或員工來檢視洞見，提供回饋。

6 後續追蹤

將進度拍照記錄，並寫一份使用者故事的簡短摘要，讓你的團隊和 IT 團隊都能使用。使用研究資料中至少 2–3 個證據來支持史詩故事和使用者故事。運用索引系統，將洞見連結到所有原始資料。

→ 團隊常會使用適合自身文化和流程的混合形式來撰寫使用者故事。如果事先與開發者討論，在整理的方式上達成共識，並盡量在研究團隊中納入一個或兩個團隊成員，這樣移轉資料時會更加順利。

→ 雖然這個方法的說明主要是以軟體開發作為使用者故事主要應用領域，使用者故事也可以用在軟體開發之外，協助定義任何實體／數位產品或服務的需求。◂

彙整研究報告

整合研究流程、方法、研究資料、資料視覺化和洞見。報告通常是一個必要的產出。

時間	1-14 日（視複雜度和資料量）
物件需求	研究資料、人物誌、旅程圖、系統圖、電腦
活動量	低
研究員／主持人	至少 1 名（理想的組成是 2-3 名研究員的團隊）
參與者	N/A
預期產出	研究報告

研究報告可以是很多形式，從書面報告到更視覺的照片及影片都有。依專案和客戶或管理者的不同，研究報告會有各種的用途，像是提供改進一個實體／數位產品或服務的可行準則、為了讓內部買單一個服務設計專案的「亮點報告」、證明研究預算的合理性、一個讓其他專案也能使用的研究資料總目錄等。

無論你的研究報告是什麼樣子，以下是幾點研究報告應該涵蓋的內容：

— **研究過程：**以好消化的方式簡報研究流程。強調為了確保良好的資料品質所做的工作，像是三重三角檢測（方法、資料、研究員）、理論飽和、或同儕審查。

— **關鍵洞見／主要發現：**從關鍵洞見開始，作為一種執行報告。你想傳達的最關鍵的重點是什麼？替所有類型的資料建立關鍵洞見，並對各種類型的資料集進行交叉引用，以支持你的洞見。質化資料與量化資料符合嗎？如果有，那代表了什麼意思？初步研究和次級研究中的哪些資料可以放進來？是否有經過場域調查的確認？

— **原始資料：**原始資料（第一層次資料）可以提高研究的可信度。在報告中加上引述、照片、錄音和影片記錄、物件以及統計資料和指標來支持你的洞見。可能的話，也要加入相關方法、資料、研究員三角檢測的資訊、以及不同資料集之間的相互參照，並強調理論飽和或你的發現有多具有代表性。[49]

— **視覺化圖表：**可以的話，加入像是人物誌、旅程圖或系統圖之類的視覺化圖表，以有吸引力且易於理解的方式，直觀地歸納研究結果。

49 見 #TiSDD 5.1 **服務設計研究流程**，了解更多關於三角檢測在研究中的重要性，和理論飽和的概念。

步驟指南

1 準備
將研究流程、研究資料、以及不同的視覺化圖表（人物誌、旅程圖、系統圖）與洞見準備好在手邊。想想可以邀請哪些夥伴來幫忙檢視報告。

2 撰寫研究報告
研究報告應從研究流程開始。參與者有誰？使用了哪些方法及工具？什麼時候開始做資料整合和分析？做了幾次迭代修正？加上一個關鍵發現與關鍵視覺化圖表的摘要，再加上原始資料做為佐證、然後運用索引來顯示還有更多的資料根據。

3 同儕審查並迭代修正
邀請其他研究員或研究參與者來同儕審查你的報告。運用他們的回饋，從各個角度反覆修正報告。思考一下報告的目標受眾，並邀請該受眾中的人或想法相近的人來進行審查。

方法說明

→ 保留索引，以便顯示關鍵洞見和其他研究結果（像是人物誌、旅程圖、系統圖等）背後的原始資料。

→ 將研究成果與研究參與者分享，並將他們的回饋納入最終產出。除了獲得進一步的洞見外，如果你可以證明參與者對研究成果感到滿意，成果的可靠度也會相對提高。◄

06 概念發想方法

連結研究與原型測試

概念發想方法

連結研究與原型測試

整個產業都在談如何出點子和選擇點子。在服務設計中，我們以務實的態度看待點子本身，把點子視為洞見（來自現實場域的研究）與經過真實場域原型測試的點子演進之間的銜接點。試著輕量運用概念發想方法，在這些更重要的活動之間快速移動，而不是取而代之。

創造、篩選、選擇點子的方法有非常多（名稱也很多）。在本書中，我們會介紹一些愛用的方法，詳細說明步驟，並分為幾類：

- **發想前：**將大問題分解成小任務、用旅程圖發想點子、用系統圖發想點子、從洞見和使用者故事中提出「我們該如何……？」發想主題
- **產出許多點子：**腦力激盪法與腦力接龍法、10 加 10 發想法
- **增加深度和廣度：**肢體激盪法、使用牌卡和檢核表、用類比和聯想進行發想
- **理解、分群並排名：**章魚群集法、三五分類法、點子合集、決策矩陣
- **減少選項：**快速投票法、肢體投票法

有關方法的選擇和連結，見 #TiSDD 第 6 章：概念發想。亦見 #TiSDD 第 9 章：服務設計流程與管理，學習如何在整體設計流程中，將概念發想融入服務設計的其他核心活動中。

在選擇對的概念發想方法時，要考慮以下幾個重要的問題：

→ **起點／範疇：**這個階段的概念發想起點和範疇為何？這次想切入多深／多遠？概念發想主題名稱是什麼？

→ **沈浸其中、激發靈感：**要如何幫助參與者做好準備，並讓他們了解研究結果或上一輪的原型測試？要展示什麼素材？想要讓參與者接觸哪一部分的素材？要讓所有人都清楚了解，或是策略性地把部分參與者蒙在鼓裡？

→ **拆解挑戰：**如何將概念發想挑戰分解成幾個好管理的分項？

→ **參與者：**誰能為當前的概念發想挑戰帶來有意義的貢獻？在產出點子時應該找誰參與？在挑選點子時應該找誰參與？

→ **概念發想的循環：**在專案的這個階段中，需要或期望在概念發想和點子選擇之間多常進行迭代修正？不同的點子產出和選擇活動要如何相互融合？

→ **停損點：**何時該先停下概念發想，繼續往前推進（例如，開始進行原型測試）？（記得，在原型測試過程中，還會出現更多的點子。）

→ **產出：**這回合需要選幾個點子？這些點子要整理成什麼形式，才能被往前推進？

↓

↑

有關方法的選擇和連結，見#TiSDD第6章：***概念發想***。亦見#TiSDD第9章：***服務設計流程與管理***，學習如何在整體設計流程中，將概念發想融入服務設計的其他核心活動中。

規劃概念發想的方法清單

在概念發想中，要用以下哪些方法呢？

發想前

- ☐ 將大問題分解成小任務
- ☐ 用旅程圖發想點子
- ☐ 用系統圖發想點子
- ☐ 從洞見和使用者故事中提出「我們該如何……？」發想主題
- ☐ ____________
- ☐ ____________
- ☐ ____________

增加點子的深度和廣度

- ☐ 肢體激盪法
- ☐ 使用牌卡和檢核表
- ☐ 用聯想來發想
- ☐ 用類比來發想
- ☐ ____________
- ☐ ____________
- ☐ ____________
- ☐ ____________

產出許多點子

- ☐ 腦力激盪法
- ☐ 腦力接龍法
- ☐ 10 加 10 發想法
- ☐ ____________

分群並快速排名

- ☐ 章魚群集法
- ☐ 快速投票法
- ☐ 三五分類法
- ☐ ____________

預選點子

- ☐ 肢體投票法
- ☐ 點子合集
- ☐ 決策矩陣
- ☐ ____________________
- ☐ ____________________
- ☐ ____________________
- ☐ ____________________
- ☐ ____________________

在 **www.tisdd.com**
免費下載這份清單

將大問題分解成小任務

把一個大的發想挑戰切成一些比較容易處理的小任務。

時間	視選擇的方法有所不同，20 分鐘至 1 日
物件需求	筆、紙、便利貼、桌面或牆面空間（較佳）
活動量	中
研究員／主持人	至少 1 名
參與者	小組（3-5 位成員為佳）
預期產出	比較容易處理的小任務、更廣的手法

概念發想的主題常常太大或太抽象，以致於無法掌握。這時，你可以用些小工具將大主題拆解為比較容易處理的小任務，看看不同的主題面向，也產出更多不同的點子。

用來將概念發想挑戰分解成小主題的手法和工具有很多，以下是幾個例子：

— 在 Edward de Bono 提出的「六頂思考帽（Six Thinking Hats）」中，鼓勵參與者透過換帽子來依序運用不同的觀點思考（藍色表示考慮全局、白色代表資訊和事實、紅色代表情感、黑色代表評斷和邏輯，黃色代表樂觀回應，綠色代表創造力），並用這些觀點發想。[01]

01 見 de Bono, E. (2017). *Six Thinking Hats*. Penguin UK。

— 「屬性列表(attribute listing)」[02] 是檢視設計問題或點子的屬性(實體、社會、程序、或心理上的屬性),並逐一進行概念發想。

— 「5 Ws + H」方法則要求參與者問自己六個問題(誰、在哪裡、什麼、為什麼、何時以及怎麼做 – 也就是自古以來哲學家都會捫心自問的問題),並檢視每個問題大家不同的答案。

— Toyota 公司著名的「五個為什麼(Five Whys)」方法裡,我們就一個問題或事實,問自己至少五次「為什麼?」[03]。每個答案都可以是概念發想的起點。▶

A 「潛臺詞」是「五個為什麼」方法的一種應用形式,可以幫我們將一個問題(在此的例子是「這位生氣的顧客究竟想要什麼?」)切成更簡單的子問題,並開始產出答案。有關此方法的步驟指南,見「潛臺詞」的方法說明(第 7 章)。這個方法也可以在紙上進行。

02 見 Crawford, R. P. (1968). *Direct Creativity with Attribute Listing*. Fraser。

03 見 *http://www.toyota-global.com* (Company → Toyota Traditions → Quality)。

步驟指南

這個過程取決於使用的方法。一般來說，步驟如下：

1. 檢視概念發想的起點，並考慮要不要、如何將前階段的知識帶進來（例如，作為研究牆或關鍵洞見）。
2. 邀請合適的人與核心團隊成員一起做（可以包括了解專案背景的人、沒有先入為主想法的人、專家、負責落實的團隊、提供服務的人、使用者、管理者等）。
3. 用暖場活動幫助參與者做好準備，建立安心空間。
4. 運用方法。
5. 檢視並將點子分群。有什麼樣的發想？要再做一次，還是用另一種方法？
6. 進入點子選擇階段。

方法說明

→ 鼓勵參與者在每個主題上停留比預期更久的時間，以鼓勵參與者更深入發想。通常，第一組點子都是最淺而易見的 – 但是當發想開始變得困難時，我們就會被迫進行更廣泛的探索，才有可能達到真正的創新。

→ 按照順序使用概念發想方法，將一個方法的產出作為下一個方法的開頭。這樣就能愈走愈遠。◄

用旅程圖發想點子

運用服務設計經典的視覺化工具產出與經驗和流程相關的點子。

時間	**準備**：最多 10 分鐘 （不包括研究成果或現況旅程圖的準備） **活動**：0.5 小時 -1 日 （視研究目標和手法） **後續**：無，若想要把圖表做漂亮一點，則需幾小時
物件需求	紙、圖表模板、筆、便利貼、桌面或牆面空間
活動量	中（高，若使用一步旅程）
研究員／主持人	1 名
參與者	至少 3 名
預期產出	新的未來旅程圖、不同形式的點子，可用來深入發想延伸，或製作原型

團隊可以透過建立未來狀態的旅程圖，以結構化的方式產出新點子。從現況圖開始，或運用你的研究和經驗，建立新的未來旅程圖。一邊畫，就會一邊產生許多可以繼續延伸或做成原型的點子。對於能用旅程概念來思考的團隊，這可以讓你儘早考慮整體流程的串連和預期產出。

步驟指南

1 邀請合適的人與核心團隊成員一起做（可以包括了解專案背景的人、沒有先入為主想法的人、專家、負責落實的團隊、提供服務的人、使用者、管理者等）。▸

Ⓐ 快速拼幾段未來旅程圖，開始發想點子。

2 如果手邊有現況旅程圖，讓小組熟悉一下，方便的話，也提供背後的研究給大家瀏覽。如果沒有現況旅程圖，就請在場的人根據自己的經驗說故事。當然，這個方法比較是以假設為基礎的，但也可能很有幫助。

3 一次進行一張圖，用手邊豐富的資訊來找出旅程圖中關鍵的步驟。可能參考自己的研究內容，特別是顧客或情感旅程的陳述。也可能會參考待辦任務（JTBD），並考慮完成相同工作的不同方法。如果手邊還沒有這些資源，那麼請穿上人物誌的鞋子，用他們的角度來檢視圖表，尋找挫折點和機會點。也可以使用桌上演練或直接模擬演出來。[04]

4 找出一些必須改善的重要議題。

5 對每個重要議題進行概念發想，尋找不同解法。可以考慮使用JTBD，以跳脫現有服務模型來進行思考。也嘗試其他發想方法，例如：腦力接龍、10 加 10 速寫、或肢體激盪。記下洞見、點子和新問題。

6 用快速投票這類手法，選擇一些看起來最可行的想法。

7 把點子粗略畫成一張新的旅程圖。這些改變對旅程的其他部分有什麼影響？技術和流程如何改變？如何影響經驗和期望？若有幫助的話，使用桌上演練或直接模擬演出來。另外，也可以嘗試不同旅程的組合。

04 見本章中的方法說明「**肢體激盪**」，以及第 7 章關於**調查性排練**和**桌上演練**的方法描述。

8 找出新旅程中最有趣的特點，並將其合併到幾份新圖表中，接著發展為服務藍圖，以探索前線和後台流程。或者，也可以直接把這些新旅程做成細節的原型。

方法說明

→ 跟所有共創工具一樣，工具引起的對話與紙上的內容同樣重要。確保組員們清楚了解這件事。

→ 使用顧客旅程來發想未來狀態是蠻常見且受歡迎的作法，並能有效幫助帶有順序性與流程的思考模式。但是，我們也要注意一個重要的風險：運用顧客旅程發想時會著重於互動，但通常容易讓這些互動限縮在現有服務模式中，降低了突破性創新的機會。試著用待辦任務來打開創新的視野。[05]

→ 當發想未來狀態旅程時，不少參與者都容易過於樂觀，會提出大家都想立刻使用的旅程。試著鼓勵他們記得，顧客多半都很忙、心不在焉、對一切抱持懷疑、或是很累不想理你 – 這樣能帶來更多有趣的點子。

→ 回顧旅程時，確認是否在每個步驟中都能看到產品？這可能表示參與者描述的是自己的使用流程，而不是經驗。這是你想要獲得的嗎？ ►

05 這項訣竅由 Jürgen Tanghe 所提出，更多相關建議，見 #TiSDD 第 6 章：**概念發想**。

方法變化型：一步旅程激盪

發想未來旅程的一種高度互動的方法變化型稱為「一步旅程」。這個方法是以即興遊戲「一字說故事」為基礎，是一種能快速產出很多概略旅程的方法：

1. 讓團隊圍成一圈。請一個人先簡單說明他們第一步旅程的點子，作為開始。
2. 下一個人要完全接受這個點子，並繼續描述第二步。
3. 第三人以上兩步為基礎，依此類推。如果中間某個人沒有想法，則可以說「跳過」，然後交給下一個人繼續。
4. 為了保持快速進行，可以鼓勵參與者只口頭描述步驟，然後在下一個人開始後，才在紙上畫或寫下來。
5. 一段旅程結束後，下一個人可以開始新的旅程，或者在其中一個已完成的旅程中折回某個有趣的點，探索其他的可能性。

對於具有旅程思考經驗的團隊，通常可以用這個方法在 15 分鐘內創造出五到六個概略的旅程。◂

以戲劇曲線發想旅程

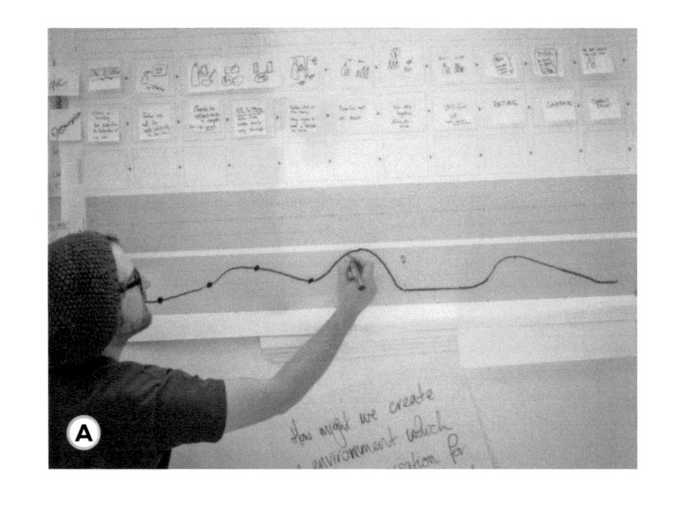

Ⓐ 逐步繪製經驗的參與度，讓戲劇曲線視覺化。

#TiSDD 3.3 旅程圖中介紹了戲劇曲線。思考經驗的戲劇曲線可以為概念發想提供全新的方向，並有助於聚焦重要之處。

步驟指南

1 從一份經驗的視覺圖表開始，例如旅程圖。

2 考慮每一步的顧客參與度。是否深度參與其中，或比較抽離？若有機會在經驗中觀察顧客，這就很容易看到。如果沒有機會，就穿上顧客的鞋子，同理他們，從顧客的經驗中進行思考。通常，面對面的時刻會比數位或紙上的時刻參與度更高。在圖上多開一個欄位標記每個步驟的參與度，從1（低參與）到5（完全參與）。

3 回顧整個曲線的形狀和節奏。是否負擔過大？前後不均等？一開始的承諾有實現嗎？低參與或高參與的時程是否太長？需要特別彰顯哪些部分，還是（通常也更實用）要把較低參與的步驟標示出來，以提高參與度，並更清楚地彰顯價值嗎？

4 （推薦）將戲劇曲線與情感旅程進行比較。當情感旅程中的低點與戲劇曲線上的高點重合時，就是經驗不好的時刻，而且顧客非常清楚—這些時刻需要立刻被關注！理想情況下，最滿意的時刻也應該要是高度參與的。

5 利用這樣的回覆，將概念發想集中在經驗上。◂

用系統圖發想點子

運用經典的關係視覺化工具之一來發想點子。

時間	**準備**：最多 10 分鐘 （不包括研究成果或現況旅程圖的準備） **活動**：0.5 小時 -1 日 **後續**：無，若想要把圖表做漂亮一點，則需幾小時
物件需求	紙、也可以有圖表模板、筆、便利貼、桌面或牆面空間；也可以用商業摺紙或利害關係人的其他實體展現形式來進行更快的迭代（若是做人物系統圖版本，會需要更大的空間或開放空間）
活動量	中（中至高，若使用人物系統圖）
研究員／主持人	1 名
參與者	至少 3 名，若使用人物系統圖，則需要 8 名或更多
預期產出	新的未來網絡圖、不同形式的點子，可用來深入發想延伸，或製作原型

系統圖是發想價值創造新方法的一個不錯的出發點，尤其是可以用來引導或改善對關鍵利害關係人最重要的關係。

以現成或快速建立的系統圖為基礎，小組要探索一些方法來增加價值，像是運用增加、刪除或替換元素，以及檢視利害關係人之間的交換等。

步驟指南

1. 邀請合適的人與核心團隊成員一起做（可以包括了解專案背景的人、沒有先入為主想法的人、專家、負責落實的團隊、提供服務的人、使用者、管理者等）。

2. 如果手邊有現況利害關係人圖、價值網絡圖或生態系統圖，讓小組熟悉一下，方便的話，也提供背後的研究給大家瀏覽。

如果沒有現況旅程圖，就請在場的人根據自己的經驗建立一份以假設為基礎的圖。如果使用的是商業摺紙或「人物系統圖」方法（見下方說明），就能做得很快。基本上，就是共創系統圖方法的快速版本（第 5 章）。當然，以假設為基礎的圖較不可靠，但還是可以幫助感受一下情況，尤其是若團隊非常了解顧客的話，就蠻有幫助的。

3 一次進行一張圖，考慮以下問題。將棋子、小人模型或商業摺紙放在圖上，這樣就能輕鬆修改、查看。在海報上寫下所有的洞見、點子、和未解決的問題。

— **利害關係人圖：**
可以加強哪些關係，以產生最大影響？該怎麼做？怎麼樣才能讓圖上的某個關鍵人物成為英雄？

▸

Ⓐ 找尋加值的機會點，強化系統圖上的關係。

— **價值網絡圖和生態系統圖：**
哪些價值交換可以帶來最大的影響？該怎麼做？

— **其他圖：**
如果從圖上刪掉某些元素（一次想一個），會發生什麼？ 少了那個元素，網絡要怎麼持續運作？如果某些元素被增加、修改、削弱、或賦權了，會怎麼樣？

4 對未被解決的問題進行概念發想，尋找不同解法，或讓現有的點子變得更多元。可以用腦力激盪、肢體激盪、或其他方法來進行。

5 使用點子群集、排名或減少選項的方法來選出要繼續進行的點子。

6 把最有趣的點子粗略畫成新的系統圖。要怎麼讓圖順利運作？還有缺少什麼嗎？有沒有哪裡不平衡？

7 要怎麼達成這些改變？利害關係人經驗如何？也許可以透過新的旅程和服務藍圖來擴充新的系統圖，以探索必要的前線和後台流程。或者，直接開始設計新產品服務的細節原型。

步驟 2 & 3 的手法變化型：利害關係人系統圖

2 除了在紙上或用小人偶製作圖表，你也可以運用空間中的人。請團隊成員代表一位主要利害關係人，站在會議室中間。向小組詢問「誰對這個人很重要？」並逐一添加其他利害關係人。讓對彼此非常重要的人緊密站在一起，並像在紙本圖表上一樣，把人們分類。記得要注意利害關係人之外的利害關係人。例如，在學校後面，有教育部門和政府。

3 配置好人物系統圖後，你可以問前面的任何一個問題，但要直接向系統圖中的人們詢問。「你需要他提供什麼？」、「如果她不見了你該怎麼辦？」令人驚訝的是，人物系統圖中的人很容易與利害關係人產生同理，甚至會開始不太與彼此交談，會以自己所代表的角色說話。

方法說明

→ 系統圖可以很快完成。通常，只要有 5-7 名主要參與者就能開始。但不要過分簡化內容，如果在進行的網絡真的很複雜，要放大和縮小檢視，描繪子網絡也很有用。◄

從洞見和使用者故事中提出「我們該如何……？」發想主題

一種好用、系統化的方法[06]，以研究和知識為基礎來做概念發想。

06 這個版本是從 IDEO 2009 年以人為本的設計工具包（https://www.ideo.com/post/design-kit）而來，已由許多人不斷發展演變。

時間	通常會將這些活動分散幾天進行，每個階段數小時或一整天。在設計衝刺中，較淺的版本可以更快完成。在第三階段之前休息一下會很有幫助（邀請外部專家來，請他們在不受團隊思考影響的情況下，在家準備第一個點子）。
物件需求	會需要關鍵洞見、JBTD（待辦任務）洞見、或使用者故事。將原始資料放在手邊，以備不時之需。在每個階段，會需要足夠的空間來展示上一階段的資料或結果、也要準備筆和紙。
活動量	**第一階段**：低至中 **第二階段**：低至中 **第三階段**：中至高
研究員／主持人	1 名或更多
參與者	雖然有些人應該全程參與，但不同階段還是需要不同的人參加。 **第一階段（觸發問題）**：最多 15 人，最好是熟悉研究資料或服務脈絡的人 **第二階段（優先順序）**：10 人以下，了解組織目標和策略的人 **第三階段（概念發想）**：最多 20 人 – 混合了先前階段的人員，以及了解問題領域的外部人員或專家
預期產出	在經歷了三個階段之後，你會獲得許多扎根於研究的點子。

根據洞見和使用者故事來發展觸發問題，是將研究轉化為廣泛可行的點子的好方法。當你有良好研究或經驗基礎，或需要退一步回到需求和機會時，就用這個方法。

此方法分為幾個階段。首先，從研究資料中取得關鍵洞見、JBTD 洞見、或使用者故事（見 #TiSDD 5.3 資料視覺化、整合與分析的方法），並運用這些來產出觸發問題。接著，將這些問題分類，確定哪些問題最有用。最後，再根據這些問題，產出許多答案。

步驟指南

1 第一階段：發展觸發問題

— 從研究活動中發展的洞見或使用者故事開始。例如下圖的關鍵洞見：

Key Insights

Alan

人物誌、人物、角色

想要少吃一點巧克力

行動、情境

因為會發胖

目標、需求、結果

但吃了感到安心

限制、困難、挫折

— 檢視每個洞見或使用者故事中的各個部分，並將每個洞見或故事轉成用「我們該如何……」開頭的觸發問題。

例如，上述 Alan 的洞見可以轉成以下觸發問題：

我們該如何幫助 *Alan* 少吃一點巧克力？
我們該如何幫助 *Alan* 減肥？
我們該如何讓 *Alan* 感到安心？

想更深入一些，觸發問題也可以是：

我們該如何幫助 *Alan* 對現在的體重感到開心？
我們該如何幫助 *Alan* 保持健康？
我們該如何幫助 *Alan* 看起來帥氣？
我們該如何幫助 *Alan* 了解什麼時候他是真的很餓，什麼時候只是在用食物追求安心感？

— 嘗試整理「階梯式」的洞見，讓內容更深入。例如，如果洞見是「Alan 想少吃一點餅乾，因為他想減肥…」，則繼續「Alan 想減肥，因為…，」再把這個問題的答案放到第三個洞見裡，依此類推。在每個階段中，一個洞見的「因為」陳述就變成了新洞見的「做什麼」陳述。很快你就會達到資料的極限，也會帶你進行更多的研究。

— 將這些觸發問題分類至幾個群集。可以幫這些群集或「機會區域」取名字，也可以用一些觸發問題來代表群集。

2 第二階段：排列優先順序、挑選

— 邀請了解組織目標和策略的人員，以及參與研究專案或具備有用經驗的人員來參與。把觸發問題用方便瀏覽、有關聯的形式展示給大家看。把研究結果準備在手邊，當某些群集受到質疑，或當參與者問「這個是哪來的？」時，就能派上用場。

— 對群集進行討論和優先順序排列。要先處理哪些？哪些是策略外或品牌外的？

3 第三階段：概念發想

— 仔細看看所選群集中的問題，並想想可能還需要邀請哪些專家參與。例如，如果一個群集裡是關於幫助人們改變行為的問題，就可以邀請心理學家或教練。也要邀請未來負責落實的人員，例如IT 專家或一線員工。當然，也要找研究團隊的代表或其他具有豐富經驗的代表參與。

— 從優先的群集及其觸發問題開始。

— 從一個問題開始，嘗試為該問題盡可能產出許多答案（使用 10 加 10 發想法、腦力接龍或最適合該問題的任何方法）。

— 重複進行，直到點子足夠，或數量多到無法掌握。

— 把點子帶進點子選擇步驟。▶

方法說明

→ 幾乎任何事物都可以是靈感來源—但從一個研究專案中產生的洞見和使用者故事並不一定適用於另一個專案。如遇到疑問，記得諮詢研究專家。

→ 如果允許產出廣泛的答案，那麼「我們該如何……？」觸發問題就會非常有用。有時，參與者很容易將潛在的解決方案偷偷放到觸發問題中。例如，「我們該如何幫助年輕人平衡飲食攝取和運動量？」是一個非常有用的問題，但「我們該如何提供年輕人運動追蹤和連網的飲食追蹤App？」的答案範圍就非常有限。要試著提出第一種類型的問題。

→ 鼓勵參與者跳脫常規，超越太顯而易見的事物。一般來說，初步的想法都是很普通明顯的。當開始變得困難時，才有可能達到真正的創新。◀

Ⓐ 根據發掘的洞見，產出幾個「我們該如何……？（How might we......?）」觸發問題。

產出許多點子

腦力激盪法

最常見、熟悉的方法，幫助團隊快速產生許多點子。

時間	**準備**：最多 5 分鐘 **活動**：5-15 分鐘，加上討論時間
物件需求	白板或大海報、筆、夠每個人都能舒適站或坐的空間
活動量	中至高
研究員／主持人	1 名
參與者	3-30 名
預期產出	許多點子

腦力激盪法[07]（經常被誤用來描述各種產生點子的過程）是一種特定的小組活動，運用簡單的規則來幫助參與者在產生許多點子的同時保持在有生產力、不評論、高度發散的模式。

參加者提出點子，由主持人或畫手寫在板子上，這樣就能很快產出許多點子。腦力激盪法可以用來找出事情的起點（或多個起點）、讓小組熟悉主題、擴大想法的數量、或者在遇到瓶頸時增加一些選項。

步驟指南

1 確保使用了正確的方法。腦力激盪法可以幫助小組快速了解其他人的想法，以及與主題相關的狀態，像在「試水溫」。當團隊需要注入能量時，這個方法也很棒。如果想要產出更多樣的點子，或要鼓勵較不說話的參與者時，使用安靜的腦力接龍法會比較好。▸

07 Osborn, A.F. (1963). *Applied Imagination*, 3rd ed. New York, NY: Scribner.

2 檢視概念發想的起點，並考慮是否以及如何將前階段的知識帶進來（例如，作為研究牆或關鍵洞見）。

3 邀請合適的人與核心團隊成員一起做（可以包括了解專案背景的人、沒有先入為主想法的人、專家、負責落實的團隊、提供服務的人、使用者、管理者等）。

4 準備好充足的資訊，並安排妥當。讓大家都能清楚看見板子。畫手要準備好的筆，和清楚、快速的畫畫功力。

5 提醒大家 Osborn 規則：(a) 不要批評、(b) 接納瘋狂的點子、(c) 衝數量、以及 (d) 借圖發揮、多多發展他人的點子。[08]

6 用海報或投影機展示主題或關鍵問題（在這之後，可能需要進行一次暖場，稍微分散參與者的注意力）。

7 在腦力激盪時，讓小組把點子大聲說出來。把他們所說的話清楚地寫在板子上。

8 當所有點子都展示出來後，可以用小組喜歡的標準把點子分群、討論並／或開始選擇。

方法說明

→ 腦力激盪法其實是很難引導得好的活動，可能是因為腦力激盪法通常沒有好好地進行，並且會有「油盡燈枯、想不出點子了」的狀況，讓它變得沒什麼價值，很多人不覺得這個方法很好。這在心理上也蠻有挑戰性，也可能容易讓非常有主見的參與者主導。如有疑慮的話，試試看腦力接龍或其他方法。

→ 要在活動流失過多能量之前停下來，但不要在第一次感到能量降低時就停。當事情漸漸變得困難時，這時出現的點子可能會特別有趣。提醒參與者要接納天馬行空或不尋常的點子，也可以被合併或顛倒。

→ 如果參與者不太願意提出更大膽的點子，暫停一下，請他們與隔壁的人小聲討論。給他們一點時間來思考更天馬行空的點子或組合，然後回到腦力激盪法。這樣他們就會對講出這些「團隊」點子比較不害羞。

→ 嘗試暫停一下 Osborn 規則，有時允許批評。有證據[09]表明，這會帶來更多和更好的點子，但這會需要團體成員是超越政治、且能夠抱持積極態度給予和接受建設性批評。

→ 可以將腦力激盪法和腦力接龍法結合。一種非常有效的方法是分組做腦力接龍法，分享結果，然後再要求每個參與者進行單獨的腦力激盪法（寫下很多點子）。然後，重複這個過程幾次。◀

08 在此活動之前，先進行「對，而且 ...」暖場應該會蠻有幫助；或提醒他們這個概念（如果本來就知道的話）。見 #TiSDD 10.4.1 **暖場**。

09 Nemeth, C. J., & Nemeth-Brown, B. (2003). “Better than Individuals? The Potential Benefits of Dissent and Diversity for Group Creativity.” In P. Paulus and B. Nijstad (eds.), *Group Creativity* (pp. 63–84). Oxford University Press.

腦力接龍法

快速產生許多點子的好方法，能帶來更多樣的點子，
也讓比較低調的團隊成員有發聲的機會。

時間	**準備**：最多 5 分鐘 **活動**：5-25 分鐘，加上討論時間
物件需求	提供所有參與者紙和筆、夠每個人都能舒適站或坐、走動的空間、可以展示點子的長型牆面、膠帶
活動量	低、深思熟慮型
研究員／主持人	1 名或更多
參與者	很廣泛，少至 3 名，多至幾百人
預期產出	許多多樣的點子

進行腦力接龍[10]時，參與者要同時安靜、單獨地寫出自己的點子，再貼在牆上或交給別人發展延伸。與腦力激盪法相比，這種方法能產出更多、更多樣的點子，但由於它比較安靜和深思熟慮，因此活動的能量較低。當點子較複雜、或要維持多樣性、或者當組員多不方便做腦力激盪、要鼓勵較不說話的參與者時，建議使用這個方法。►

10 更多關於腦力接龍法的資訊，特別是 6-3-5 方法，見 Rohrbach, B. (1969). “Kreativ nach Regeln – Methode 635, eine neue Technik zum Lösen von Proble- men.” (“Creative by Rules – Method 635, a New Technique for Solving Problems.”) *Absatzwirtschaft*, 12, 73–75.

步驟指南

1. 確保使用了正確的方法。腦力接龍法可以有效產出良好、多樣的點子。但如果想要先試水溫，幫助小組快速了解彼此的想法、與主題相關的狀態，就要用腦力激盪法。

2. 檢視概念發想的起點，並考慮是否以及如何將前階段的知識帶進來（例如，作為研究牆或關鍵洞見）。

3. 邀請合適的人與核心團隊成員一起做（可以包括了解專案背景的人、沒有先入為主想法的人、專家、負責落實的團隊、提供服務的人、使用者、管理者等）。

4. 準備好充足的資訊，並安排妥當。每個人都要有一樣粗細的筆、幾張一樣的紙張或便利貼。

5. 用海報或投影機展示主題或關鍵問題（在這之後，可能需要進行一次暖場，稍微分散參與者的注意力）。

6. 請參與者單獨、安靜地在紙上或便利貼上寫出或畫出他們的點子。告知他們如何處理草圖：可以交給別人寫評論或發展延伸、立即將點子貼在牆上給其他人查看（如果紙張夠大），或者留著保密一下。

7. 最後，把這些點子貼在牆上。當所有點子都展示出來後，可以用小組喜歡的標準把點子分群、討論並／或開始選擇。

Ⓐ 安靜地腦力接龍法比腦力激盪法能帶來更多樣的點子，也讓比較低調的團隊成員有發聲的機會。

方法說明

→ 當使用任何會需要快速書寫或草繪的發想方法時，試著給參與者用較粗（也不要太粗）的麥克筆。用較粗的筆會鼓勵大家畫出大型、清晰（方便記錄）的內容，也能避免參與者在書寫或草繪時考慮太多細節。可以的話，禁止大家使用一般鋼珠筆和鉛筆。

→ 要在活動流失過多能量之前停下來，但不要在第一次感到能量降低時就停。當事情漸漸變得困難時，這時出現的點子可能會特別有趣。提醒參與者要接納天馬行空或不尋常的點子。

→ 如果參與者不太願意提出更大膽的點子，提醒大家所有點子都是匿名的，也可以被合併或顛倒。

→ 可以將腦力激盪法和腦力接龍法結合。一種非常有效的方法是分組做腦力接龍法，分享結果，然後再要求每個參與者進行單獨的腦力激盪法（寫下很多點子）。然後，重複這個過程幾次。◀

10 加 10 發想法

一種結合點子廣度和深度的快速視覺發想方法。

時間	準備：最多 5 分鐘 活動：20-40 分鐘
物件需求	提供所有參與者紙張（A4 最理想）和筆、工作空間、桌子
活動量	中至高，視選擇的時間限制
研究員／主持人	1 名或更多
參與者	一組 3-7 名成員的幾個小組
預期產出	每組約 20 個概念草圖

10 加 10 發想法[11] 是對設計挑戰進行發想的入門好方法。以一個共同的出發點為基礎，小組成員各自獨立作業，快速地草繪每個想法，每組大約提出 10 個點子。大家在小組中跟彼此分享，並選擇一個草圖作為下一回合的起點。在第二回合之後，每組大約會有 20 張草圖：第一回合產出的較廣的點子，和第二回合更深入的發想。20 個點子都會是有用的。

這個方法可以幫助團隊快速產出各式各樣的概念，也能深入了解如何處理特定的設計挑戰。視覺的手法也有助於概念的具體化。

11 Buxton, B., Greenberg, S., Carpendale, S., & Marquardt, N. (2012). *Sketching User Experiences: The Workbook*. Morgan Kaufmann.

步驟指南

1. 檢視概念發想的起點，並考慮是否以及如何將前階段的知識帶進來（例如，作為研究牆或關鍵洞見）。

2. 邀請合適的人與核心團隊成員一起做（可以包括了解專案背景的人、沒有先入為主想法的人、專家、負責落實的團隊、提供服務的人、使用者、管理者等）。

3. 把設計挑戰提供給小組後（例如，「我們該如何…？」觸發問題）並進行暖場之後，將小組分成每桌 3 至 7 人大小的團隊。

4. 請他們根據設計挑戰畫出不同概念。要畫簡單的草圖，加上一點文字說明。告訴大家不要彼此討論，一個人安靜作業，一次在一張紙上畫一個草圖，然後將草圖放在桌子的中間，讓其他人可以看到。每個團隊應要能產出至少 10 個草圖。

5. 給小組大約 15 分鐘的時間（一個 4 人的團隊可能需要 4 分鐘，而一個 3 人的團隊則需 5 分鐘）。保持時間很短，讓大家只能畫出簡單、粗糙的草圖。對比較複雜的挑戰要給更多時間，但還是要夠短，才能讓參與者感到驚訝，也做得快一點。

6. 當時間結束時，請參與者迅速與同桌夥伴分享自己的草圖。每桌團隊成員（不是整個空間裡的人）都要了解這 10 個草圖的意思。

7. 請每個團隊快速選擇他們覺得有趣的一張草圖，並將草圖放在桌子中間。其他草圖則暫時放在一旁。

8. 重複第一回合，以所選草圖為起點，進行 10 個延伸發想。如果要跟小組解釋如何「延伸」，可以說明試著改變通路、規模、角色、目的、時間、技術、材料、方向、位置…或採用 SCAMPER[12] 檢核表：「取代、合併、調整、放大、改為其他用途、消除、重新排列。」[13]

9. 讓參與者再次與同桌夥伴分享他們的新草圖。

10. 現在請他們將第一回合的草圖拿出來。經過一回合廣泛、一回合深入的結果，現在大家應該有大約 20 個明確的點子以供選擇。

▶

12 譯注：SCAMPER 為「取代（Substitute）、合併（Combine）、調整（Adapt）、放大（Magnify）、改為其他用途（Put to other use）、消除（Eliminate）、重新排列（Rearrange）」的首字母縮略字。

13 Eberle, B. (1996). *Scamper: Games for Imagination Development*. Prufrock Press, Inc.

→ 有些參與者很討厭畫畫。提醒他們草圖是畫給自己懂的，只是個輔助記憶工具。也可以從草圖暖場開始（例如在一分鐘內不看紙畫隔壁的人），來表示不怎麼樣的草圖其實已經足夠。也要說明圖畫很有用，因為可以提示脈絡和通路，並且往往比文字能傳達更多資訊。

→ 鼓勵參與者畫出真實的事物，而不是隱喻。例如，如果他們要表達銷售競賽，那就要畫業務人員在比較銷售結果，或畫出線上排行榜的螢幕畫面，而不是領獎台或獎牌。

→ 有些點子很難畫出來。這種方法用來描述實體或數位介面和情況時效果很好，但在抽象概念上效果就沒那麼好。

→ 有些點子可能會出現不止一次，這現象本身是很有趣的。是因為點子很明顯，還是因為真的特別有趣？◄

Ⓐ 10 加 10 發想法能快速地產生具體、廣泛的點子。記得要衝數量。

肢體激盪法

一種實際用肢體來發想的方法，有時被稱為「身體的腦力激盪」。[14]

時間	**準備**：最多 5 分鐘 **活動**：15-60 分鐘
物件需求	用來記筆記的道具或原型材料、紙和筆、真實服務場域或能代表環境主要功能的空間
活動量	高
研究員／主持人	1 名或更多
參與者	一組 3-7 名成員的幾個小組
預期產出	點子清單、洞見、或新問題，未來情境的照片或影片

肢體激盪法是一種用肢體來幫助探索的方法，可以產出點子和理解，並快速揭露假設和問題。當挑戰內容與肢體或人際關係有關、大家討論得很累、或活動中需要增加同理心、能量或帶來一點難忘的刺激時，就會非常有用。

在設計挑戰中經過短暫的沉浸式引導之後，參與者要把點子演出來，扮演各種利害關係人、團體、或平台的角色。例如，他們可能會表演不同形式的推銷或諮詢活動，或嘗試以不同的方式把咖啡遞給一個帶了很多行李的人，或者帶著顧客操作「登陸頁面」，引導他們到網站的右側區塊等。一邊進行，也隨時停下來記錄並回想他們的發現。肢體激盪法比調查性排練[15]更簡單、更快，但對探索和洞見較不深入。

14 見 Gray, D., Brown, S., & Macanufo, J. (2010). *Gamestorming: A Playbook for Innovators, Rulebreakers, and Changemakers*. O'Reilly。

15 見**調查性排練**的方法說明（第 7 章）。

步驟指南

1. 檢視概念發想的起點，並考慮是否以及如何將前階段的知識帶進來（例如，作為研究牆或關鍵洞見）。

2. 邀請合適的人與核心團隊成員一起做（可以包括了解專案背景的人、沒有先入為主想法的人、專家、負責落實的團隊、提供服務的人、使用者、管理者等）。

3. 讓團隊沉浸在挑戰中。如果小組對脈絡不太熟悉，就帶他們在營業時間內去看一下場域、進行觀察，不用特別多加說明。可以做一些快速的非正式採訪，或把自己當作顧客來使用服務。把實際環境拍照或畫下來，以供日後參考，並做簡單的記錄。如果小組對脈絡很了解（例如，剛做完研究階段，或因為常在那裡工作或常去），就用講故事來代替這一步。

4. 大多數肢體激盪法操作者都喜歡在原本的服務情境中進行肢體激盪。這樣很有啟發性，但在許多方面也有很多限制或有點不切實際。如果想要的話，可以使用工作坊空間，把所需的道具和環境準備好，例如，用桌子筆記型電腦來代表櫃檯和收銀機。

5. 運用小組進行沉浸式訪查或之前經驗中的筆記，列出有趣的情境或點子。

6. 一次進行一種情境，把它演出來。要預先指定角色，或讓組員彼此交換角色。剛開始時大家會笑成一團，這樣很好，但還是要記住這是工作。當有新點子出現時，試著模擬看看或先暫停。

7. 在海報上做筆記，幫助組員記住他們發現的事。對於比較有自信的小組也可以用影片 – 但當要查找某些東西時，會有點慢。

8. 選另一個情境或點子，重複上述步驟。

9. 回顧剛剛的發現，並選擇要繼續下去的點子，也可以使用點子選擇方法來進行。

→ 對於很多參與者來說，這種方法與他們的日常工作差異很大，組員可能會感到有點尷尬。用資料整理和暖場來幫大家做好準備[16]。即興劇場的暖場遊戲（「對，而且⋯」）是蠻棒的方法。

→ 有些小組在沒有道具和佈景的空間裡表現很好，但也有小組會覺得實體物件更能幫助他們貼近真實。

→ 很多小組會很快直接進入討論，要提醒他們稍後再討論，並鼓勵他們繼續動作。實際演出來往往會顯得討論很多餘。

→ 有些小組想像的日子太好過，每個點子都能在有完美的顧客和技術下直接可行。主持人這時應該對此提出質疑，或者幫忙讓情境更加困難一例如，增加技術挑戰（「交期只有三個月！」），或者讓顧客表現生氣、多疑、被誤導或容易感到困惑。可以找不太活躍的參與者在卡片上寫下潛在的問題，並在場景變得過於簡單時，把這些狀況端上檯面。

→ 一些小組可能會覺得很難認真看待這件事。可以說明這是原型測試的方法，來幫助他們理解，也可以讓他們執行特別具有挑戰性的情況。

→ 欲更深入地了解概念發想主題和利害關係人的情感體驗，見調查性排練和潛臺詞的方法描述（第 7 章）。◀

A 肢體激盪法讓大家用演戲的方式來發想機器介面的情境。點子來的又多又快，因此要安排一個人在旁記錄。

16 見 #TiSDD 10.3.4 創造安心的空間

使用牌卡和檢核表

牌卡和檢核表有助於在概念發想活動中聚焦單一（隨機選擇的）問題或點子，成果是很驚人的。

時間	**準備**：最多 5 分鐘 **活動**：依照牌卡說明
物件需求	夠供整場參與者使用的牌卡，還有筆、紙或海報板用來做筆記。有些牌卡會要大家四處走動，因此會需要一些空間。更多資訊請詳閱牌卡的說明。
活動量	低至中
研究員／主持人	0-1 名
參與者	依照牌卡說明
預期產出	根據不同牌卡類型，產出不同的點子、洞見、或新問題

概念發想、創造力、腦力激盪和方法牌卡（名稱有很多種）是可以在概念發想活動中使用的實體／數位牌卡。有許多現成牌卡組可直接運用，為了特定的脈絡自行設計牌卡也蠻常見的。

根據牌卡的類型，能促進討論、引出新的探索途徑、幫助思考、激發靈感。當組員感到卡住、或無法擺脫既定的思維模式時，牌卡就特別有用。牌卡還可以用中性、隨機仲裁的機會因素來協助打破僵局。

每套牌卡都有自己的操作說明。通常，每張卡片上會有一段文字（有時也有圖像），用來激發一種新的工作方法或促進思考。內容多是用來刺激新思考方式的問題、類比、模式等等。這些牌卡能帶來看待問題的新方法。1975 年由 Brian Eno 和 Peter Schmidt 為音樂家和其他藝術家開發的「迂迴策略卡」[17] 是傑作之一。

17 Eno, B., & Schmidt, P. (1975). *Oblique Strategies*. Opal. (Limited edition, boxed set of cards.)

裡面的每張卡片都提供了建議，範圍從技術性（「改變樂器角色」、「靜音並繼續」）到概念性（「面對選擇，兩全其美」、「不要因為事情很容易就害怕去做」），也可以是非常人性化的內容（「去做個頸部按摩」或「閉嘴」）。每一張牌卡都可以在概念發想中使用，小組可以決定要根據牌卡畫幾個點子，或是持續畫到不需要使用牌卡為止。

在許多情況下，檢核表（像是由 Alex Osborn、Roger Eberle 開發的 SCAMPER 檢核表）[18] 就能滿足牌卡的功能。

牌卡也可以當作檢核表使用，把所有要考慮的面向都涵蓋進去 – 這樣一來，只要跟著牌卡進行，就不會忘記任何重要事項。檢核表牌卡還能用來做優先順序排列，只需將最重要的分類即可，或者形成主題，將點子和觀察結果分群。▶

Ⓐ 牌卡可以幫助概念發想的聚焦或擴展，也能打破僵局。

18 Eberle, B. (1996). *Scamper: Games for Imagination Development*. Prufrock Press, Inc.

步驟指南

1 檢視概念發想的起點，並考慮是否以及如何將前階段的知識帶進來（例如，作為研究牆或關鍵洞見）。

2 邀請合適的人與核心團隊成員一起做（可以包括了解專案背景的人、沒有先入為主想法的人、專家、負責落實的團隊、提供服務的人、使用者、管理者等）。

3 如果使用牌卡的主要目的是發想，那麼暖場就非常有助益。任何以建立聯想和延伸彼此點子為中心的暖場活動都會很有用。

4 超越顯而易見的舒適圈。用實際的行動來說，意思就是要在每張牌卡上花比想像更長一點的時間。

方法說明

→ 牌卡可以被調整改動，因此，如果採用的方法不合適，就直接修改它。但是，要先花一些時間使用基本方法，以確保你真正了解所要改動的內容。就像每個爵士樂手都要先了解自己的音階。◄

增加深度和廣度

用類比和聯想來發想

不從零開始，以轉譯現有解法或找尋隨機刺激物之間的連結來進行發想。

時間	**準備**：如果需要提前準備一些不錯的類比，可能要幾個小時。也可以讓小組自己準備類比（這不容易），或運用聯想法來隨機產出。 **活動**：20-60 分鐘
物件需求	做成卡片形式的類比；也要留一點空間做筆記。
活動量	類比：低至中 聯想：中（有趣）
研究員／主持人	1 名
參與者	一組 3-7 名成員的幾個小組
預期產出	點子、洞見、或新問題

假設現在遇到了一個新的問題 A。你知道你熟悉的問題 B 本質上與問題 A 是相似的（類比程度相近）。那麼，就不需要糾結在問題 A 上，而是關注問題 B 現有或新的解決方案，然後將這些解決方案應用到問題 A 上。類比幫助我們應用既有的點子，因此，如果團隊思緒卡住了，這類方法就是一個非常有用的啟動器。類比也可以讓棘手的問題變得更容易處理。當類比的元素準備恰當時，就非常有價值。[19]

聯想的做法和類比差不多，幫助我們重新定義問題，並用新的方式思考。可以試著在隨機的文字或圖像上尋找關聯性，例如，當在發想社群媒體的使用，假設從一組聯想物件中隨機抽出了鴨子的圖片。然後，問自己：「什麼樣的保護『羽毛』可能會導致社群媒體從消費者身上滑掉，就像鴨子背上滑掉的水一樣？」、「我們要怎麼樣在努力處理『水面下』社群媒體的內容，同時讓消費者在『水面上』看起來平靜無波呢？」等等問題。►

19　類比通常是從大自然中提取而來－在這裡的情況下，指的是「仿生」。

步驟指南

1 檢視概念發想的起點，並考慮是否以及如何將前階段的知識帶進來（例如，作為研究牆或關鍵洞見）。

2 邀請合適的人與核心團隊成員一起做（可以包括了解專案背景的人、沒有先入為主想法的人、專家、負責落實的團隊、提供服務的人、使用者、管理者等）。

3 類比手法請跳至步驟 4。進行隨機聯想時，先選擇一些有用的隨機字詞、短句或圖片。可以隨機翻開一本書，或使用線上隨機單字和圖片產生器。接著跳到步驟 6。

4 準備類比元素。這蠻難的，當你有了經驗，準備起來也就更容易。基本上，可以把設計挑戰精簡到只剩基本特徵，讓它與脈絡分離，並在其他領域中尋找帶有相似特徵的脈絡。例如，如果要發想創新的交通人車流解決方案，可以會把它歸納為「協調複雜系統中元素平穩流動」的需求[20]。這樣就可能帶來類似血液循環、液體工程、管線、物流甚至金融的類比（也會讓你想邀請醫生、工程師、水管工、物流專員、或經濟學家來參與概念發想）。

要做到這些，先問自己：誰或哪個領域已經解決了類似的問題？在什麼情況下也會遇到類似的挑戰或情況？挑戰有讓你想起什麼事？

5 選擇最適當的類比。想想每個類比與原始挑戰之間的距離 – 在上述交通流案例中，物流將是「近距離」類比，而醫藥和金融則是「遠距」。若要產出比較新穎的點子，使用「遠距」類比通常很有用一儘管很難，且能產出的點子比較少。不太常見的（大家也不太熟悉）類比也比普通的類比有用，因此請避免使用小組以前經常使用的內容。

6 把小組分成一桌適當的人數。先請組員停止思考一開始的挑戰（可能要用激烈的暖場來幫助他們），開始思考類比或聯想的元素。有想到些什麼嗎？類似的問題如何被解決？例如，如果小組正在做幫助人們負責任地吸收社群媒體內容的服務，就可以參考解決其他類過度消費（如飲食）的解決方案。飲食管理的許多原則（獎勵系統、追蹤進食量）就能立刻轉移到社群媒體使用中。把這些都記下來。

7 重複其他類比或聯想。

8 把剛剛的筆記應用到原始挑戰的脈絡裡。點子和經驗可以直接轉譯嗎？出現什麼想法？

9 將（已轉譯的）點子帶進點子選擇階段。

20 案例來自 Marion, P., Franke, N., & Schreier, M. (2014). “Sometimes the Best Ideas Come from Outside Your Industry,” 取自 *https://hbr.org/2014/11/sometimes-the-best-ideas-come-from-outside-your-industry*。

方法說明

- 如果還使用其他概念發想方法，最好在用過這些方法後再切換到類比或聯想。大部分小組發現，在天馬行空發想之前，先在「家附近」作業會比較容易。

- 有些小組會在成功用過隨機聯想之前，都很難認真看待這個方法。試著說明這個方法也屬於概念發想手法的分支[21]，或直接要求大家停止評論，直到活動結束。

- 發現聯想很困難時，要堅持下去。或建立一個聯想鏈，像是「蛋糕 > 麵包師傅 > 麵粉 > 花 > 花園 > 夏天」，並逐一檢視討論。

Ⓐ 隨機的字詞或圖像能讓概念發想變得更寬廣多樣，也減少思緒受阻。使用線上隨機單字和圖片產生器、隨機翻開一本書、或運用自己設計的牌卡組都可以。

21 de Bono E. (1992). Serious Creativity Using the Power of Lateral Thinking to Create New Ideas. HarperCollins.

章魚群集法

一種非常快速的團體方法，用來分類和群集點子或資訊，做好決策前的準備。每個人都參與其中，所以大家都可以了解各個點子。

時間	**準備**：幾分鐘，用來準備牆面 **活動**：5-15 分鐘，取決於內容的量
物件需求	需要一面 2 到 3 公尺寬由「便利貼雲」覆蓋的牆面。貼滿的內容也許是從高度發散的方法（如腦力接龍）得來的結果。確保所有便利貼平均都位在參與者的腹部到頭部的高度之間。使用膠帶或不同顏色的便利貼清楚地標記出界限。牆面前也要有足夠的空間，讓每個人都可以成排站立。
活動量	高
研究員／主持人	1 名
參與者	6-30 名
預期產出	分好群的便利貼、對內容的熟悉度、並逐漸產生共有感

讓大家一排一排站在便利貼牆前面。由最前排開始對便利貼進行分類；後排的人提供意見，或做準備。每隔幾秒，每個人往前站，進到一個新角色。幾個回合後，便利貼就會被分類好，組員們也都看過了內容。

章魚群集法可以用來快速分類整堆的便利貼。任何能寫在便利貼上的東西，像是大量的點子、洞見、「我們該如何⋯？」觸發問題、資料等都能處理。這個方法讓每個人都能清楚了解內容，並鼓勵組員之間共享點子的共有感。新的群集有助於小組了解內容的整體結構，或為下一步提供不同的方向。

描述起來好像很複雜，但實際操作其實非常簡單且有趣。以下步驟指南會一步步引導你進行。做完一兩次後，就會很清楚該怎麼做了。►

A 章魚群集法：將一大群參與者排成五排，大家在幾分鐘內分類上百張便利貼。團隊參與度是很高的，第二排很積極地提供支援，而第三、四、五排的人在討論整體結構，準備好往前進到更活躍的角色。

1 讓大家一排一排站在便利貼牆前面，大約 3-5 排。首先，請一些參與者在牆前排成第一排，整排與牆同寬。並說明每個人就像章魚一樣，有很多隻手。

2 請一些參與者站成第二排。說明兩排不會混在一起。

3 增加更多排，直到每個人都站成一排。請每個人注意自己所在的排數，不要混在一起。如果最後一排人數較少，也沒關係。

4 說明要做的事：

— 在一分鐘後，我會請你們開始排序便利貼。你的角色取決於所站的位置。角色會改變。

— 站在第一排的人，要以覺得合適的任何方式積極把便利貼移動、分群。不要讓便利貼覆蓋在另一張上。

— 第二排的人，請積極協助第一排的分群。把想法大聲講出來、樂於助人！

— 第三排的人，要對目前的內容大略整理，並幫忙找掉落的的便利貼。也往前大聲喊出一些建議。第四（或第五）排的人，請與左右夥伴討論，歸納概略重點，並準備在幾秒鐘內開始提供建議。

— 在過程中，每隔 30 秒左右，我會喊：「放手！離開！往前站！」當我喊「放手」時，第一排的人要很快地把手上的便利貼全部傳給身後的人。當我喊「離開」時，第一排的人就要向左轉並從左側離開原來的那一排，然後填滿最後排，人數滿後才排出新的一排。在喊「往前站」時，每個人都要往前進到新角色，並開始對便利貼分群。OK 嗎？

5 開始活動。大約每 20 或 30 秒（不要太久）後，喊「放手！離開！往前站！」給大家足夠的時間來完成這些簡單步驟。

6 可能要提醒一下往前站到新角色的人。當第一排離開時，請他們移動到整組人的最後面。

7 每 30 秒左右重複一次整個回合。當發現群集開始具體化時，請正在分群的人注意一下剩下的「便利貼孤兒」。可以把活動先暫停，或者繼續進行。

8 在 5–8 個回合後，通常就會排序完成了。跟下一排要往前的人說這是最後一排了，並用鼓掌來結束活動。

9 退一步，看一下整體狀況。問問大家是否想要把某些群組合併。幫群集命名標題，並用其他顏色標記上去。

→ 保持快速和輕量的方式。放音樂會很有幫助。鼓勵所有人都積極參與。

→ 不要超過大約五、六排。如果小組人數很多，請將便利貼雲排得寬一點。如果有五、六排人，要讓每回合時間短一點，不然後排很快會感到無聊、失去注意力。

→ 當第一組群集形成時，可以給第三或第四排的人不同顏色的便利貼和筆。他們就可以開始為群集命名標題。請後排的人來挑戰和細分這些標題。讓筆和便利貼留在中間排；他們可以將寫好的單張便利貼往前傳。

→ 在活動中，人們做得快、彼此也靠近（在某些文化中可能不適合），所以這也是個很好的暖場方法。此外，每個人都會碰到很多便利貼，捏得皺巴巴、舊舊的，這樣一來，組員們就不會緊抓不放，能順利往前進。

→ 跟所有的分群活動一樣，一定會產生「便利貼孤兒」– 也就是與其他群集沒有明顯連結的便利貼。因為是「剩下來的」，所以很容易被忽略，但這些便利貼有可能還是非常有用、不尋常的點子或資料。確保在建立群集標題時，不要忽略這些內容，即使會要為單張便利貼下一個標題。

→ 有時，我們會遇到「黑洞」，也就是一兩個非常大的群集。必要的話，特別指出來（最好讓後排的人知道），並進行更多回合，來拆解這些大群集。◀

三五分類法

一種快速、有活力的方法，能從大量選項中選出最有趣或最受歡迎的選項。這是 Thiagi 一款叫「三十五（Thirty-Five）」的遊戲更生動的版本。[22]

22 更多資訊請見 *http://www.thiagi.com*。

時間	**準備**：參與者需要幾分鐘來準備紙上內容，除非已經有做好的。視點子複雜程度，可能需要幾分鐘。 **活動**：10-15 分鐘，加上一些時間確認「選中」的點子是有用、多樣的。
物件需求	需要足夠的空間讓所有人安全地走動，但也不要太大的空間讓人群分散開來。每個人都需要一支筆和一張紙，上面有一個草圖、點子或洞見。
活動量	非常高
研究員／主持人	1 名，對於非常大的團體可能需要更多人
參與者	12-300 名
預期產出	點子、洞見、或其他內容的排名

這個方法可以處理大量內容（一人一張），並根據標準，快速對大量的內容進行排名。可以在概念發想或提案簡報之後使用，來選擇團隊最感興趣的點子或提案內容，也可以用它來決定活動的優先順序、合作規則等等。

讓大家站在一起，手拿一張紙，開始快速在彼此間走來走去，不斷和遇到的人交換手上的紙張。接著，彼此比較兩人手上的草圖，並分配分數。重複幾個回合，再把每張紙上的結果加總。

除了對內容進行排名之外，點子在活動中徹底被混合，讓大家開始建立共有的感受，也使紙張看起來舊舊的，這樣組員就不會難以放手。

步驟指南

1 請每個參與者在紙上準備他們的提案、草圖、點子，洞見或其他內容。這裡的重點是，大家應該要能夠在 15 秒左右的時間內看懂紙上的內容，也就是內容必須有辦法「自我表達」。大多數參與者都會覺得有點難，因此，可以先請他們與身旁的人測試一下，必要時做調整修正。

2 請所有人進入一個稍擠但彼此距離還是夠安全的空間。每個人都要手拿一張帶有提案或草圖的紙張，也都要有一支稍粗的筆。

3 簡單說明步驟 4-7（稍後，透過第一輪或第二輪與參與者交談）。

4 隨著大聲播放音樂（Benny Hill 秀的主題曲「Yakety Sax」蠻受大家歡迎的），讓每個人在彼此間走來走去，和遇到的人交換手上的紙張。幾秒鐘後，暫停音樂。▶

A 交換紙張。

B 分享想法。

5 每個人手上都拿著一張畫著概念提案的紙張。與身旁最近的人兩兩一組。

6 每組花一分鐘（或更短）比較兩人手上的草圖，並在兩個提案之間分配 7 分「有趣給分」[23]。可以分配 7：0、4：3 或 7 分之間的任何數字，但必須把 7 分都分配完畢，不能給半分。將分配給每張紙的分數寫在紙的背面。

7 繼續播放音樂，然後重複回合：到處交換紙張、停下、找到一個夥伴、分配 7 分、再到處交換紙張……

8 大約進行五個回合後，在一次的混合紙張後停止。現在，每個人手上都拿著一張（可能是陌生的）紙，上面有一個點子和分數。把分數加總，就可以很容易地看到團隊最感興趣的點子。點子這些可能不是最後決定要保留的，但這會是一個好的開始。

9 需要的話，可以使用地板投票法（Floor Gallery）或珊瑚投票法（Coraling）之類的方法來把這些點子分組。

方法說明

→ 「三十五」是此方法的原始名稱。我們使用服務設計社群中大家比較熟悉的名稱來命名（譯注：原文使用 Benny Hill Sorting）。

→ 如果參與者發現自己拿到自己的紙張，請笑笑地，要他們「自己看著辦」。

→ 如果參與者人數為奇數，就一直會有一組是 3 人。請他們在 3 張紙之間分配 10 分，每張紙的得分不能超過 7 分。提醒他們，這組要做得特別快。

→ 鼓勵大家在分配分數後，把紙張高舉空中。這樣就可以清楚看到誰已經完成。

→ 有時會發現某張紙的背面沒有數字。這通常只是因為有人忘記寫下「0」。不用擔心。

→ 有些人將這個方法稱為「*n* = 5 依序累加、隨機配對的零和比較」– 但是，我們比較喜歡叫它「三五分類法」。

→ 如想看看活動的實際演練，見 *http://bit.do/BennyHillSorting*。◄

23 也可以用其他標準，例如對顧客的影響程度或可行性，但是要考慮到，往往很難從快速的草圖中判斷這些。最一般的「重要性」（或「厲不厲害」）指標應該會比較有用。

點子合集

一種分析程度稍高的選擇方法，能快速但可靠的進行分類。

時間	**準備**：需要幾分鐘在牆上或地上標記軸向 **活動**：10-40 分鐘，視點子的數量
物件需求	將點子或提案分別寫在紙上，也可以用畫的。也準備牆面空間、地板空間、或裱板。
活動量	低、深思熟慮型
研究員／主持人	1 名
參與者	1 名或更多
預期產出	點子在兩軸向上的視覺排列

在點子合集中，我們根據兩個變項來將點子分佈排列在圖表上。由於使用了兩個變項，這個方法可以平衡不同的需求，分析型思考模式的人接受度也很高。它為做出明智決策打好基礎，讓我們有機會對選項進行策略性的觀察。

步驟指南

1 考慮是否及如何將前階段的知識帶進來（例如，作為研究牆或關鍵洞見）。

2 邀請合適的人與核心團隊成員一起做（可以包括了解專案背景的人、沒有先入為主想法的人、專家、負責落實的團隊、提供服務的人、使用者、管理者等）。

3 確定標準。「對顧客體驗的影響」與「可行性」這兩個軸向很好用，使用別的標準也可以（見「方法說明」。►

4 在牆上或地上畫出圖表，清楚標出兩個軸向的名稱。

5 一次一個點子，讓組員對兩個變項分別做 0 到 10 的給分，可以在點子上寫下分數，或直接將點子放在圖表上。

6 將下一個點子排列到圖表上。

7 現在，您可以決定要進一步探索哪些點子。影響力高和可行性高的點子多半是容易實現的目標，也通常是最有趣的。但也應該考慮其他點子：保有多樣的選擇，為了長遠效益，或以免簡單的目標很快實現，試著納入一些或不同領域的點子。

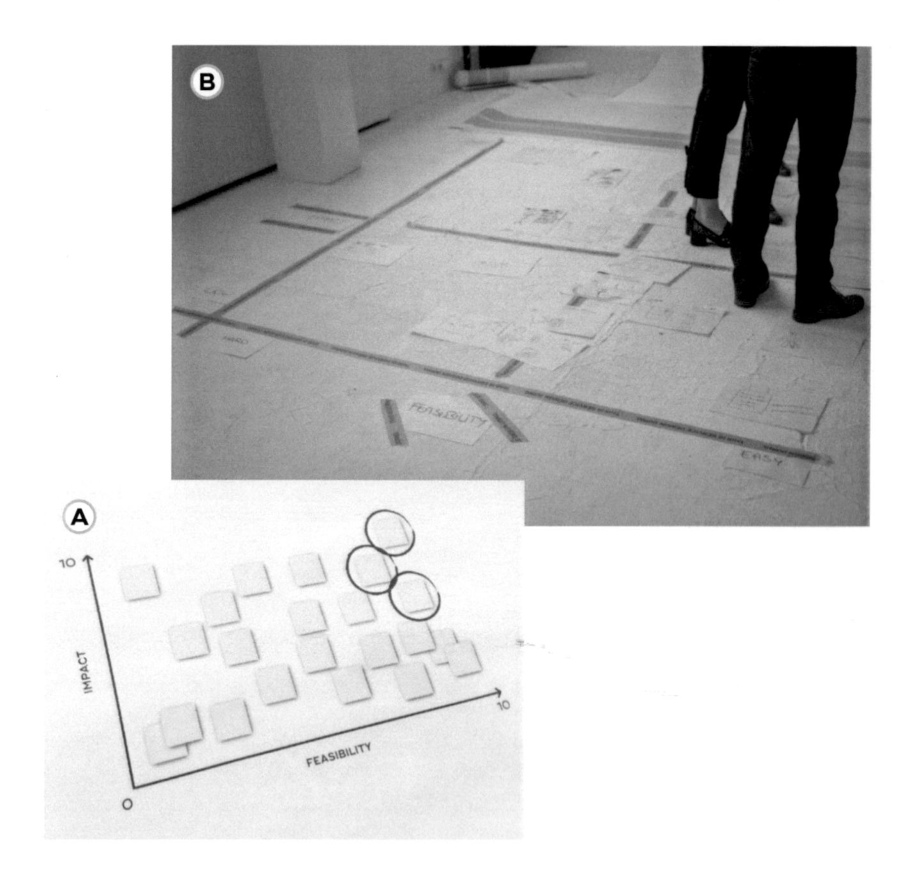

A 這是一份典型的點子合集。圈起來的幾個是「容易實現的目標」，這些不見得是你最後選擇要繼續探索的。

B 有空間的話，把點子合集排在地板或牆壁上。這樣就可以使用點子合集中的原始草圖，更輕鬆地標出連結，也較容易記住。

方法說明

- 這種視覺化的形式是行銷人員和金融業人士非常喜歡的。這是在過程中讓他們（和他們的知識）一同參與的一個好方法。

- 與許多「決策」工具一樣，使用工具時產生的討論也和工具本身一樣重要。

- 參與者有時會對「可行性」這個面向不滿意。實際上，這代表了一整串問題因素，像是成本、法律障礙、人力、資源、知識、策略適配、品牌適配、技術務實性等。如果團隊很想使用更具體的面向（大家很喜歡用「財務成本」），問問大家是否有足夠的信心根據目前粗略的草圖來進行預測。通常這樣他們就會很樂意回到一般的視野來進行。

- 在評估對顧客體驗的影響力時，一些好用的問題有：感覺好嗎？能消除或減輕顧客的痛點嗎？競爭對手有在做嗎？可以從中賺錢（對商業有影響力）嗎？能創造戰略優勢嗎？

- 其他有用的面向還有「上市時間」、「品牌適配」、「對員工滿意度的影響」、「營收潛力」、「團隊利益」等等。

- 如果張貼內容的空間太小，可以把每張紙加上標題，寫在便利貼上（不要使用數字）。但是記住，來回比對這些標題便利貼和點子本身是件很費心力的事。當把紙張直接放在點子合集上時，連結和對比就明顯多了。◀

決策矩陣

一種更具分析性，當有多重因素需要考慮時使用的決策方法。

時間	**準備**：這項活動的準備工作，尤其是收集決策因素並給予權重，是活動本身很寶貴的部分，可能需要花 15 分鐘到幾個小時。 **活動**：20-60 分鐘，視點子的數量。
物件需求	一些選項、填寫表格的空間
活動量	低、深思熟慮型
研究員／主持人	1 名
參與者	1 名或更多
預期產出	每個選項的數值評估

在如果你的決策是要依據多個標準，則一維或二維方法（例如，點子合集）可能會不敷使用。決策矩陣[24]將多個加權的標準涵蓋到決策中，但又讓我們能一次考慮一個。

決策選項沿著表單的一個軸列出，而各種決策因素沿另一軸列出，可以為每個決策因素賦予權重。團隊考慮每個選項的每個標準，並給一個數值，將值乘以加權後寫下來。總數值會顯示出優先要考慮的選項。這個方法廣受分析型思考者的歡迎。

24 Pugh, S. (1991). *Total Design: Integrated Methods for Successful Product Engineering*. Addison-Wesley.

步驟指南

1. 考慮是否及如何將前階段的知識帶進來（例如，作為研究牆或關鍵洞見）。

2. 邀請合適的人與核心團隊成員一起做（可以包括了解專案背景的人、沒有先入為主想法的人、專家、負責落實的團隊、提供服務的人、使用者、管理者等）。

3. 收集所有可能的選項。例如，在找路專案中，選項可能有新標示牌、觸控螢幕系統、協助人員、或 App。將這些寫成表格中第一排的標題。

4. 思考會引導做決定的因素或標準：例如，落實成本、品牌適配、落實時間、對顧客滿意度的影響、維護成本。將這些寫成表格中第一列的標題。

5. 視需要為每個決策因素給予權重。要注意的是，加權的微小差異會對結果產生很大影響。

6. 對於每個點子，給予每個因素一個分數（0 到 5 分）。將數值乘以加權後寫下來。

7. 繼續評分所有點子。在最後一欄中寫下每個點子的加總給分。

8. 總數值最高的就是優先要考慮的點子，但應該選擇一些混合的點子來繼續進行。▶

方法說明

→ 這是一種MCDA（Multiple Criteria Decision Analysis，多標準決策分析）方法。關於更多內容和背景，請查詢此關鍵字。

→ 與許多「決策」工具一樣，使用工具時、在選擇決策因素和權重時進行的討論，與工具本身一樣重要。

→ 這個工具常常會讓討論權重和給分的時間變得很長。團隊基本上都在猜測因素的數值高低，因為大家會不太知道怎麼進行可靠的評估。關注這個狀況，也可用此工具來突顯彼此理解的落差，然後再用研究或原型來作為討論的依據。

→ 網路上有各種免費的決策矩陣模板。◄

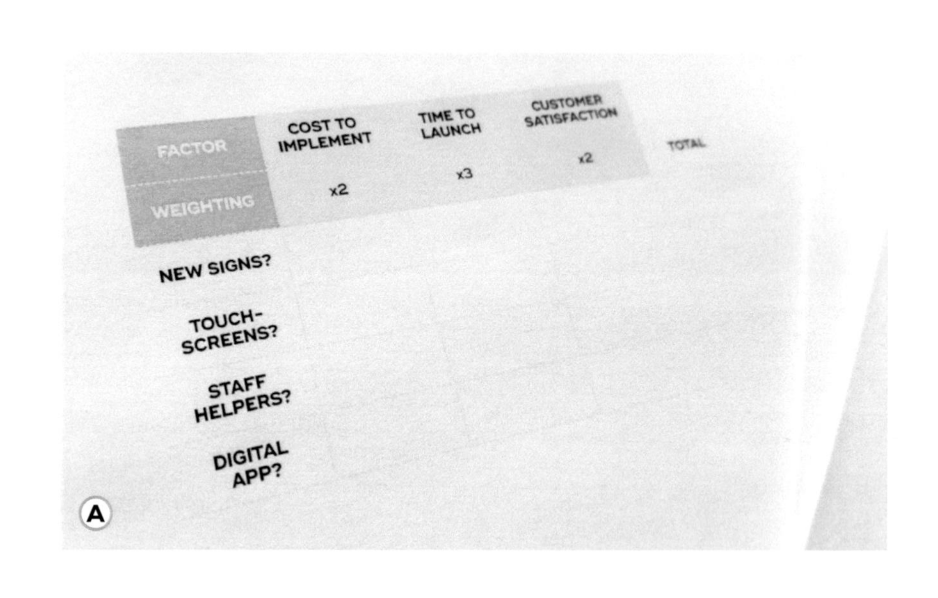

Ⓐ 和所有決策工具一樣，這個方法並不直接幫你做決定，而是協助決策流程和促進對話。

快速投票法

運用點點投票法（dot voting）、指鼻子投票法（nose-picking）、晴雨法（barometers）快速獲得多數人看法，較適合大型團隊使用。

時間	**準備**：幾乎無，除了晴雨法會需要幾分鐘來把紙張展示起來 **活動**：幾秒鐘（指鼻子投票法）到幾分鐘
物件需求	筆、便利貼或點點貼紙。可以準備特殊的「晴雨法」模板，或僅使用便利貼。
活動量	中、部分變化型則是高
研究員／主持人	1 名
參與者	3 名至所有空間裡的人
預期產出	粗估的多數人喜好

確認大多數人感受的手法比比皆是，像是舉手表決到更複雜、參與度更高的方法。有些方法讓每個人投票一次，有些可以多票表決，有些則讓人們表達對所有點子的想法。可以運用這些手法，無需長時間的討論，就能了解大多數人最感興趣的點子、洞見或資料。

方法變化型

— **「點點投票法」**是一種常見的方法，是讓每個團隊成員用點點貼紙或粗的奇異筆來標記選擇。把材料放在空間中（固定在牆面上或放在桌上），參與者在空間中走動，並在值得關注的項目上做記號。通常，每個人會有固定的票數；有時也可以在同一項目上「花掉」幾票。最後，就可以輕鬆查看哪些項目的得票數最多。

— 一般來說，對「共識」或「公平」的需求會促使團隊討論替代方案，這不是一件壞事，除非大家不知道彼此已經基本達成共識了。**「指鼻子投票法」**是團隊或小組確認他們是否認同的一種快速方法。投票時，每個人將一根手指放在鼻子上，一起數到三，再快速指到自己喜歡的項目上，慢出的人就失去投票權。有平手的狀況時，把其他項目放一旁，簡單討論一下偏好，然後對平手的項目再投一次票。如果還是平手，就擲硬幣。

— **「晴雨法」**是一種讓每個人都對所有項目心裡有個底的快速方法。做法有兩種。第一種方法是在每個項目上掛上或畫上一個簡單的「晴雨表」(像是 +2 到 -2 的李克特量表)。參與者在空間中走動，並用筆標記或畫上圓點來對每個項目「投票」。第二種方法則是給每位參與者一張明亮色彩的便利貼，並請他們把便利貼高舉過頭表示「我喜歡」，或放低至膝蓋表示「我不喜歡」，或放在其他位置來對每個項目投票。(如果沒有便利貼，用鼓掌也可以。) 在空間中走動，並徵求參與者對每個項目的意見，估算出平均值。與第一種方法不同的是，這個方法看的是平均，而不是計算確切票數。

方法說明

→ 要先與小組討論投票時遵循的標準 – 但這容易很快引起激烈的辯論。輕量的標準有「有趣程度」、「優先程度」或只用「厲不厲害」來給分。如有疑問的話，請大家根據「目前這個點子有多有趣或多有用」來進行選擇。

→ 這些是判斷小組偏好的快速方法，不是嚴謹的研究方法。要將結果視為資訊來源，而不是最終決策。選項有平衡嗎？涵蓋範圍夠廣嗎？是否有帶點風險、怪怪的、或大家都愛的點子需要視為「黑馬」原型保留下來？點子是否已經有被做出來，或者已經失敗？根據投票來做出明智的決策(不要直接用投票來決定)，然後把一些點子帶進下一階段。◂

肢體投票法

快速了解大家比較喜歡哪些點子，也為下一階段進行分組。適合大型團隊使用。

時間	**準備**：如果牆上已經有點子時，可以使用珊瑚投票法（Coraling），就無需任何準備。若使用地板投票法（Floor Gallery），就需要幾分鐘時間在地板上佈置紙張或原型。 **活動**：3-5 分鐘，需要的話再加上一些時間來做調整
物件需求	地板投票法需要準備待選擇的物件，以及可以放這些物件的地板空間，讓每個人都能在周圍移動。珊瑚投票法也需要一些空間，但是物件（通常是一堆便利貼）可以貼在牆上。
活動量	中至高
研究員／主持人	1 名
參與者	超過 10 名成員的小組
預期產出	幾組有共同喜好的小組夥伴

這類方法中，參與者用肢體讓每個人都能看到彼此支持的點子、以及誰在哪一組，所有變化也都是快速、簡單和明瞭的。

在地板投票法中，參與者分別站在他們喜歡的項目上。當物件較大或內容需要時間消化時可以使用這個方法，例如電梯簡報、構想草圖或服務廣告。

在珊瑚投票法中，參與者集結成像從牆上某項目長出來的珊瑚般的分支隊形。這方法可以用來對一整堆便利貼分群，或當牆上貼的東西不好拿下來時使用。

若欲決定下一步要處理的點子，快速組成新的工作小組時，可以使用這些方法。這適合用來為工作坊下一個任務分組，而不是用來組成專案的長期工作團隊。►

步驟指南

1 使用地板投票法時，把紙張放在地上，並讓參與者四處走動瀏覽、熟悉所有物件，也想想打算把時間花在哪一個物件上。如果被某一項吸引了注意力，就先在定點等候，如果下定決心了，請他們停下來並把腳踩在上面。使用珊瑚投票法時，可以讓物件留在牆上。如果有人想接手某一項（或某堆便利貼，或任何東西），請他把手放在上面。下一個人陸續搭著第一人的肩膀加入。根據空間的不同，大家會形成一條隊伍或一串分支的「珊瑚」。

2 在這兩種情況下，不確定的人都可以看看組成的小組，再決定自己參加哪一組比較適合，也可以退後一步，讓主持人幫他們分組。

3 現在請參與者確認一下分好的小組狀態。看起來可行嗎？對於接下來的活動，每組會太小或太大嗎？要請誰換組，到別組幫忙？有沒有哪幾組根本就太小，需要合併？

方法說明

→ 這些方法多半會形成不太平衡的群組，類似的人會聚集在一起，大家的技能很有可能無法平均分佈。如果只是為下一階段工作坊分組，那麼這就不是問題，而且其實有時一整組專家可以將點子進展地又快又遠（如果是要組成長遠的專案團隊，那就是另一回事了）。如果某種技能或觀點的混合對於下一步很重要，要在調整小組時解決此問題，或請參與者在組成小組時把這件事考慮進去。讓大家戴上展示技能或背景的徽章來辨別是一個好方法。

→ 在進行地板投票法時，鼓勵人們站在（而不是靠近）他們感興趣的紙上。紙張會被撕破和弄髒，這有助於團隊不會緊抓不放，毫無懸念地往前繼續。

→ 很常會遇到一個小組認為非常重要且很有希望的項目 – 但是當組成小組時，卻沒有人願意做。這時要先暫停選擇，並與小組一起思考這項內容的目標和責任歸屬。考慮我們真的可以在沒有這個選項的情況下繼續嗎？

→ 這些活動使人們彼此近距離接觸。雖然這確實可以幫助團隊的互動，但在某些文化中可能並不合適。◀

A 用珊瑚投票法來分組。工作坊參與者選擇有興趣的點子分群，把手搭在其他人的肩膀上「加入」。

B 在地板投票法中，把選項散佈在地面空間中，讓團隊成員站在自己感興趣的那張上。

07
原型測試方法

在現實中探索、挑戰和發展你的點子

原型測試方法

在現實中探索、挑戰和發展點子的方法

本章詳細介紹了幾種原型測試方法的詳細步驟。雖然一定還不完整，但這些內容仍然可以作為有效的出發點，用來為各種服務或產品（無論實體或數位）進行原型設計。由於服務設計致力於提供共同的語言，並支援不同專業領域之間的共創，因此本書中選擇了不需要專業技能、並可以在工作坊中快速使用的原型方法。這乍聽之下似乎很局限，但它能將大部分的概念推進到一個程度，讓你做出更安全的決策，確定後續要請哪些專家一起參與專案的迭代。當然，坊間還有更多的方法，也應考慮在之後原型測試的計劃和執行中把其他方法涵蓋在內。

根據經驗法則，最好要包括幾種方法來達到方法三角檢測。例如，用於驗證核心價值主張的經驗原型手法，對整體／端到端面向的服務進行探索和評估的方法，以及著重在整體面向內的關鍵要素或接觸點的方法。

由於可以運用許多不同的原型方法來回答不同的原型問題，本章選擇的原型測試方法大致根據要製作的元件，分為五個較簡單的類別：

→ **測試服務流程和經驗的原型**
調查性排練、潛臺詞、桌上演練

→ **測試實體物件和環境的原型**
紙板原型測試

→ **測試生態系統和商業價值的原型**
數位服務排練、紙本原型測試、互動式點擊模型、線框圖

→ **測試數位物件與軟體的原型**
服務廣告、桌上系統圖、商業模式圖

→ **一般方法**
情緒板、草圖、綠野仙蹤法

規劃原型測試方法的關鍵問題

在選擇對的原型測試方法時，要考慮以下幾個重要的問題：

- **目的和原型測試要問的問題：**為什麼要在現階段打造原型？原型是要用來探索、評估或溝通？原型測試要問的問題是什麼？想透過原型測試來學習或達成什麼？
- **評估要做些什麼：**為了獲得所需的答案，必須做出什麼？
- **原型測試方法：**在此迭代中，原型測試方法的順序應該是什麼？要使用哪些方法來分析，並將收集的資料視覺化？
- **受測者：**誰來體驗或測試原型？要怎麼招募這些人？
- **團隊中的角色：**誰來準備、執行、測試和觀察原型測試？他們有什麼技能是你可以運用的？
- **擬真度：**原型要精緻到什麼程度？
- **情境：**要在何時、何地進行原型測試？
- **多重追蹤：**要做幾個原型？
- **三角檢測：**如何規劃補充的方法，以克服原型測試團隊或資料類型的偏誤？
- **原型測試的循環：**需要或希望多久進行一次迭代？在迭代過程中，打算如何分析和調整手法？

↓

這就是服務設計

↑

有關方法的選擇和連結，見#TiSDD第7章：*原型測試*。亦見#TiSDD第9章：*服務設計流程與管理*，學習如何在整體設計流程中，將概念發想融入服務設計的其他核心活動中。

規劃原型測試方法清單

經驗法則是，建議在下列各類別中至少各選一個方法，以達到方法三角檢測：

驗證核心價值主張

- ☐ ____________________
- ☐ ____________________
- ☐ ____________________

選擇經驗原型手法。

對整體／端到端面向的服務進行探索和評估

- ☐ 桌上演練
- ☐ 調查性排練（端到端）[01]
- ☐ 商業模式圖
- ☐ 桌上系統圖
- ☐ ____________________

對單一關鍵要素進行探索和評估

- ☐ 調查性排練（聚焦）
- ☐ 數位服務排練
- ☐ 戲劇方法：潛臺詞
- ☐ 紙板原型測試
- ☐ 線框圖
- ☐ 紙本原型測試
- ☐ 草圖
- ☐ 綠野仙蹤法
- ☐ 情緒板
- ☐ ____________________

01 如果使用完整的調查性排練來測試整個服務太複雜的話，可以集中火力進行輕量的端到端變化型方法，例如：坐式調查性排練（seated investigative rehearsal）或走位排練（blocking rehearsal）。

戲劇方法一簡介

戲劇提供了許多可用來進行調查、發想、原型測試、以及推出實體和數位服務的方法。
戲劇方法是研究情感、時間點、語言調性、和空間實用性的有力工具。

為什麼用戲劇方法？

服務，是一種共創的價值交換，從根本上就是人和人的互動。通常是人與人之間的交換，例如零售、醫療、飯店或顧問服務。但是，即使在許多以數位或機器為基礎的服務中，技術平台基本上還是在模仿人處理訂單、聯繫你、提供資訊、或賣機票。

戲劇提供的幾乎是一款終極工具包，來進行人與人或人與數位的模擬互動模型。重要的是，不僅要考慮劇場的舞台，還要考慮排練室、技術工作台、道具室、後台區域、以及使劇院能夠發展和遞送體驗的所有其他因素。戲劇（或廣義來說是表演藝術）[02] 擁有數千年歷史，擁有獨特、成熟、極富創造力、且超實用的工具組，這些工具都很快速、有效且有趣。與幾乎所有其他原型測試方法不同的是，演藝界的工具著重於情感，也就是一段好經驗的核心。一旦克服了團隊一開始的束縛，便可駕輕就熟，因為每個人都可以理解這些用語。當大家都已經可以談論場景、角色、故事和道具時，就無需使用令人困惑的新術語，如接觸點、人物誌、流程、和實體物件。

戲劇型思考和服務實踐之間的相關性已被探索了很多年，這似乎始於 Goffmann 在 1950 年代對人的生活進行戲劇性的考察 [03]，並從 1980 年代開始隨著 Grove 和 Fisk 的研究更加明確 [04]。他們指出服務和表演藝術之間有著許多相似之處，例如觀察到服務和戲劇表演本質上都是短暫的，並且「如果想要欣賞，就必須親身體驗。」重要的議題有舞台、演員／觀眾、表演和即興創作 – 所有考慮因素都適用於兩個領域，戲劇的確可以作為服務設計師的參考。

02 為求簡單起見，我們在這裡使用「戲劇」一詞，但你可以自行延伸至其他表演藝術，例如歌劇、電影、音樂和舞蹈。

03 見 Goffman, E. (1959). *The Presentation of Self in Everyday Life*. Anchor Books。

04 見 Fisk, R. P., & Grove, S. J. (2012). "A Performing Arts Perspective on Service Design." *Touchpoint*, 4(2), 20–25。

有哪些手法？

服務設計中的戲劇手法不應與商業劇場（*business theater*）相混淆。商業劇場通常是由客座專業演員表演的小型劇，多半是為了在特定主題下，向特定觀眾傳達某些訊息。商業劇場可以幫助發展對使用者的同理心、取得服務設計專案的支持、並廣傳對服務設計專案的需求或結果的認識，但這本身並不能算是設計方法。

還有其他戲劇手法可以作為服務設計的應用方法，尤其在原型測試階段更適合。共感手法、說故事、角色扮演、即興演出、論壇劇場、故事寫作、劇本、潛臺詞、訊息、位階、指導、演員對劇本或角色的解讀、戲劇曲線、驚喜、舞台演出（特別是對空間和前後台界線的拿捏）– 所有這些概念和工具都可以在打造新服務時派上用場。

Ⓐ 戲劇提供的幾乎是一款終極工具包，來進行人與人或人與數位的模擬互動模型。

調查性排練

調查性排練為一種戲劇手法，透過迭代演練的階段來深入了解、探索行為和流程。

時間	視場景的深度和複雜度－ 每個場景從 20 分鐘到幾個小時不等
物件需求	靈活的私人空間、家具、手邊的任何物品、 海報板、一個起點
活動量	高
研究員／主持人	1 名或更多
參與者	12-30 名
研究手法	自我體驗（Use-it-yourself，自傳式民族誌）、參與式觀察、共創工作坊
預期產出	研究資料（特別是一張包含問題、洞見和新點子的清單）、原始錄影紀錄和照片、更多問題和假設

排練是服務設計中一個重要的戲劇手法。可惜的是，大多數人都誤解了這個詞，以為這是要一遍又一遍地做某些事，至臻完美。在戲劇中，我們將之稱為「練習」，而將「排練」一詞保留給更有趣的探索性過程，在這樣的過程裡發展和嘗試許多不同選擇，也嘗試不同的合作方式、探討不同類型的時機和節奏。為了強調其探索性的面向，我們使用「調查性排練」[05]一詞。類似的手法包括肢體激盪、服務演練、服務模擬、和角色扮演。

調查性排練是用一種結構式、全身投入的方式以檢視互動，並發展新的策略。這是一種以論壇劇場[06]為基礎的強大手法，可以用來檢視、了解、和嘗試行為或流程。這個手法能釐清經驗的情感面，並揭露許多實體空間、語言和調性的實際程度。

05 Lawrence, A., & Hormess, M. (2012). "Beyond Roleplay: Better Techniques to Steal from Theater." *Touchpoint*, 3(3), 64–67。

06 論壇劇場是一種有名的手法，出自有名巴西戲劇導演 Augusto Boal 的「被壓迫者劇場」：見 Boal, A. (2000). *Theater of the Oppressed*. Pluto Press。調查性排練以參與者的自身經驗、想法或原型為起點，並超越論壇所著重之行為策略，並同時檢視和挑戰基本的流程、建築架構設定、支援工具等等。

這個手法可以用在設計過程的許多不同階段中，協助設計研究問題，甚至可以模擬實際研究（例如，運用前線人員）。它可以用在概念發想、原型設計和測試上，也能用來培訓員工使用新服務系統，幫助員工找到自己對流程的經驗解讀。

步驟指南

準備

1 **決定或考慮一下目的，和原型或研究要問的問題：**開始之前，要決定或考慮一下目的，和原型或研究要問的問題。想知道什麼？要測試整段經驗還是一部分經驗？哪部分讓你最感興趣？需要或想要做到多細？

2 **創造安心空間：**調查性排練是一種不常用的工具，因此需要在讓人感到安心的空間中進行[07]。對於新團隊而言，會需要花一些時間來讓心理和身體都進入狀況。可以做一些暖場活動（例如，見 #TiSDD 第 10 章，**主持工作坊**），並訂下排練規則，讓大家對工作模式達成共識：

排練規則

為成功的排練做好準備。

1......................動手做，少說。
2........................... 認真地玩。
3...........使用手邊現成的東西。

3 **找到起點：**排練還需要一個起點 – 試著找到起點也可以成為創造安心空間的一部分。對於以現有服務或經驗為基礎的專案，起點可能是由工作坊參與者提出的假設或研究而產生的一組故事（例如，透過說故事遊戲創造的故事）。情緒化的顧客或困境的極端故事最有效。你可以快速將這些故事變成故事板，幫助人們清楚了解，並在排練中作為參考。若是非常新的服務，你可以從未來顧客旅程圖開始。

4 **準備好團隊、空間、和初始故事：**根據人數的不同，將空間分成幾個小組，每組約 4-7 人。每個小組從一個故事或某版本的原型旅程開始。大家要花一些時間來準備故事的（關鍵）場景，但是不要給太多時間—時間越長，他們就會越緊張。告訴他們你只要簡單的草稿作為起點，用幾分鐘做完就好。如果團隊中有人是原始故事的某個角色，那就不應該在重製的故事中扮演自己。

步驟指南

使用／研究

1 **用排練來調查：**排練的過程本身分為三個階段。對於沒有經驗的團隊，按照這種固定的結構進行是比較好的選擇，否則創意可能會變得一發不可收拾，而讓過程變得毫無重點、瑣碎。►

07 更多關於安心空間的資訊以及使用調查性排練的工作坊案例，見 #TiSDD 第 10 章，**主持工作坊**。

— **觀看：**首先，請每組在短短幾分鐘內演出準備好的場景，讓所有人大致了解情況。要求小組做完整的演出，以真人的方式進入和離開（可以的話，要用真的門作為入口）。不要當場發表評論，而是在完成後鼓掌。快速檢視所有小組的場景，然後決定要先探索哪一個。

— **理解：**現在，請一組重新開始，並要在場的人在發現有趣的事情時喊「停！」。可以是一個實質的挑戰、奇怪的處理步驟、特定的單詞選擇、或特殊的肢體語言。可能每隔幾秒鐘就要喊一次「停！」– 作為主持人，試著在場景才開始三秒鐘後就叫停。並詢問：「我們現在發現什麼？」「怎麼發現的？」

這個階段的目標是深入了解在實體和動機層次上正在發生什麼。提出一些問題，像是「他的感覺如何？」或「現在怎麼了？」要鼓勵參與者盡量具體描述。來幫助他們理解。如果他們說：「我覺得櫃檯人員表現出開放且誠實，」就接著問：「櫃檯人員的是怎麼樣表現出開放且誠實？她做了什麼使她表現得開放且誠實？」把洞見記下來，並繼續進行，先不要換場景。如果場景很長，不一定需要詳細全部走完，只要是有意義的。就繼續下去。最後，以掌聲作結。

— **更動、迭代：**現在，讓小組再演一次場景，但是這一次，當觀眾認為服務過程中哪裡可以不同時，就叫「停！」。尋求替代方案，而不是改進方案。當出現一個「停！」的時候，請大家不要描述這個點子，而是直接用場景中的角色演出來（規則 1：「動手做，少說。」）可能的話，一次只變動一件事，然後讓更動過的場景進行一陣子，這樣小組就有機會在下一個停止之前看到每次改變的效果。

當有時間查看更動帶來的效果（如果有）時，再次將場景叫停，並詢問觀眾（不是問提出更動的自願者）自願者的策略是什麼（「改了什麼？」），以及他們有注意到什麼（「發生了什麼事？感覺如何？」）。 接著，可以問問場景中的其他人對更動的感受為何。有時（雖然不常），請自願者解釋一下他們的意圖會蠻有幫助的。在討論這些更動時，請盡量避免評斷，改動沒有什麼好壞，它只是有一定的效果，可以試試看。試著確認效果是什麼，並在海報板上記下點子（也可以記下點子在此場景中的效果）。然後決定是否要繼續進行，檢視一下替代方案，還是要返回原始版本。迭代，迭代，再迭代。

2 **手邊要隨時有一張問題、洞見和點子的清單：**追蹤排練過程中任何所學到的東西非常重要。在完成每個步驟後，請小組花點時間思考哪些方法可行，哪些無效，哪些要更動或在下一步進行嘗試。在海報板上記錄結果，並把洞見、問題、點子、和新問題分別記在不同區塊。

3 決定下一個場景，重複以上活動：目前的場景結束後，換到下一組的場景，或重新回到這組的原點，決定下一步嘗試哪個部分，然後再做一次。當工作坊的時間到了，或者小組遇到阻礙時就停下來，請他們換到別的核心活動，例如，做更多的研究、更深入的概念發想或切換到其他原型測試方法。

4 記錄：記錄並完成工作。使用顧客旅程圖，照片故事板或影片來記錄排練中最新版的服務體驗。簡單回顧一下海報板上的內容，找出關鍵的洞見、點子、錯誤和問題。試著根據新發現來對後續步驟達成共識，往前推進專案。

▶

A 團隊使用調查性排練針對零售服務退貨的流程進行「壓力測試」。由兩位團隊成員模擬接觸／互動的情況，其他人則準備以不同替代方案介入流程、設定、系統或行為。筆記型電腦後面的設計師代表了原始場景中的一個人，但她也可以直接代表（或成為）數位系統。

B 在每個步驟後，團隊檢討哪些可行，哪些無效，哪些要更動或在下一步進行嘗試。保持簡單扼要。然後繼續下去。記得「請不要用說的，演給我看！」

方法說明

→ **讓大家保持專注和持續動作：**主持人要使團隊保持專注、持續動作、和坦白。同時，主持人也必須使團隊保持腳踏實地，確保大家不是在創造一個每個人都有高度熱忱、非用他們的服務不可的完美世界。我們的經驗是，直接展示問題或優勢比用討論的好，因此主持人得常常說：「請不要用說的，演給我看！」

→ **探索性或評估性 – 工作室或場域：**這裡描述的調查性排練是一項很棒的探索性原型測試活動。在最基本的形式上，這方法只需要人、一個空間和一個帶有啟發的原型問題。但是，如果你決定在脈絡中進行（可能是在使用者的實際工作場所中，由真正的員工來扮演角色，或者是在非常理想的模擬環境中），調查性排練可以產生真實有效的發現，以支持你的決策。[08]

→ **追蹤：**在進行場景排練時，你會快速建立起一長串經過測試的點子，這些點子是由參與者從自身的真實故事或原型中產生的。可以稍後再回顧，並確定將哪些內容納入下一個原型、未來顧客旅程圖、或落實階段中。

不要把它叫做「角色扮演」！而是給「快速狀況回報」或是跟他們說：「你可以站起來快速展示一下嗎？」大家並不喜歡這個詞，因為在許多培訓課程中已經被濫用。技術上來說，調查性排練不是角色扮演，只是看起來非常相似。因此，可以稱為排練、模擬、肢體激盪、服務演練、或者什麼稱呼都不要 – 直接說「演給我看」即可。

方法變化型：局部排練或演練

還有其他更多以調查性排練為基礎、不同類型的快速方法，如局部排練或演練。這些方法是用來幫助正在設計或提供服務的人們熟悉互動的順序、連結和意圖，而（暫時）無需考慮他們的存在或肢體語言、語調、臉部表情等對他人的影響。在以下排練變化型中，溝通多半是對內部團隊，而不是向外對顧客或受眾：

→ **「坐著排練（Sitzprobe）」、「坐式調查性排練」、或「說一遍（talk-through）」：**坐著排練通常是一種口頭排練[08]，也就是讓團隊圍坐成一圈講一遍服務場景。大家不用擔心時間、動作、或技術問題。只是簡單順過服務的語言內容，也可以是對當下無法看到的動作進行快速描述，例如「然後我遞給他一個信封⋯⋯」。變化型包括非常快速地講一遍服務流程、互相交換角色、或倒著進行服務場景。坐式排練可以找顧客以及前後台員工一同參與，也能有效對更廣泛的脈絡先有第一印象，讓我們能夠探索整個服務體驗中大致的對話流程。

→ **走位排練（Blocking rehearsal）：**在走位排練中，團隊有機會在實際情境或模擬環境中進行服務場景的操作。沒有語言元素，或者語言元素被簡化為每個語句的開頭和結尾，例如：「所以，讓我解釋一下如何打開⋯⋯現在您可以看到閱讀內容了。」

→ **技術性排練：**團隊走過一遍服務場景的所有技術性內容，確保每個單獨的技術動作都有執行：撥動開關、啟動軟體、包裝信封。所有非技術性內容（空間中的動作，語言元素）均被精簡或跳過。技術性排練有時會與走位排練結合在一起。

局部演練是個靈活的工具，在整個設計流程中都可以使用。在研究過程中，可以幫助引出和記錄現有的服務流程。可以試著將一個業務流程的所有利害關係人集中到一個空間裡，然後進行坐式排練。讓他們模擬一個典型案例，逐一討論每個步驟，並記錄結果。在後續原型測試過程中，這些手法可以幫助您選擇最佳的視角，有效將原型向前推進。到了落實的時候，這類型的排練通常會在服務場景的結構已經相當完善，但是參與者需要更加熟悉並更理解結構、內容的情況下使用，直到流程被內化並達到自動化。

方法變化型：推出服務的排練

員工的舉止和行為是顧客服務體驗中至關重要的一部分。就像演員在扮演一個角色一樣，工作人員需要展現專業，表現出適當的情感，並熟悉複雜的「腳本」（服務流程），同時仍要保持真實的自我，而不是像個機器人。演員也一樣，他們要能夠善用舞台、服裝和技術來支援自己的表演，並且也要能讀懂觀眾情緒，適當地調整自己的動作。他們什麼時候有機會探索自己的選擇、分享發現的事、並在服務中找到自己的聲音？在服務推出期間，以及在服務運行期間的排練就是個好機會。◄

08 或歌唱排練，因為 Sitzprobe 起源於音樂廳，在音樂廳裡，歌手會坐在樂隊旁邊排練。可惜的是，在服務設計中，歌唱非常小眾，很少使用。

潛臺詞

潛臺詞為一種戲劇式的方法，透過聚焦排練階段中未說出的想法，揭露更深層的動機和需求。

時間	5-30 分鐘，作為排練活動的深探階段
物件需求	靈活的私人空間、家具、手邊的任何物品、海報板、一個起點
活動量	高
研究員／主持人	1 名或更多
參與者	4+ 名（作為排練階段的一部分）
研究手法	自我體驗（Use-it-yourself，自傳式民族誌）、參與式觀察、共創工作坊
預期產出	研究資料（特別是潛臺詞鏈、新洞見和點子的紀錄）、原始錄影紀錄和照片、更多問題和假設

潛臺詞是一個戲劇裡的概念，可以讓排練變得豐富，並提供更深度的洞見和啟發。這個術語在戲劇中具有多種相互聯繫的含意，但我們可以把潛臺詞想成是一個角色沒說出口的想法，也可能是在行為上有所暗示的。**換句話說，潛臺詞就是我們心裡想著，但沒有說出來的話。**將潛臺詞帶到排練裡，可以揭露更深的動機，幫助我們了解需求、提出新的機會以創造價值。[09]

在戲劇排練中，通常只存在演員的「筆記」或戲劇的初次朗讀中。但是，還是有些排練手法和遊戲（甚至是一些劇本）中的潛臺詞是有被念出聲音來的，從而激發新的理解和方向。在服務設計中，我們主要使用滾動潛臺詞和潛臺詞鏈。

09 見 Moore, S. (1984). The Stanislavski System: The Professional Training of an Actor. Penguin Books。關於在電影中運用潛臺詞，讓喜劇效果變得明顯，見 *Annie Hall* (Woody Allen, 1977, MGM)。

步驟指南

滾動潛臺詞

1 **帶入潛臺詞：**在排練中，選擇想要更深入了解的關鍵場景。在進入潛臺詞活動之前，要確保每個人都至少對場景有基本的了解。將關鍵場景演最後一次，然後停止排演，接著快速解釋一下潛臺詞的概念（「潛臺詞就是我們心裡想著，但沒有說出來的話」）。

2 **在服務場景中加入潛臺詞演員：**在排練中加入新演員，並要求他們在場景進行時說出現場人員沒說出來的話。為每個角色各自分配一個潛臺詞演員會比較容易，演員可以坐在台下，也可以出現在場景中（這樣會更有趣），把手放在角色的肩膀上。這只是意味「我不在場，你看不見我」，但這樣似乎可以幫助每組演員們相互協調。

3 **現場演出（「滾動」）潛臺詞：**角色演員照常演出場景（也可以演慢一點）潛臺詞演員使用「我 」開頭的陳述，說出他們認為這個角色隨時會出現的想法。例如，當角色演員說：「請問你能優先處理嗎？」潛臺詞演員就會大喊：「拜託！在我失業前快點幫我吧！你這白癡！」

為了讓活動運作順暢，一開始先把潛臺詞交給一兩位角色就好，然後將焦點轉移到場景中的其他角色。如果潛臺詞演員和角色演員事先不做討論的話就更有趣－有時角色演員會因潛臺詞而感到驚訝，就能展現一些意料之外的事。

4 **迭代：**用不同的潛臺詞進行幾次場景排練。發現了什麼？把關鍵洞見、點子、錯誤、和問題記錄下來，然後再次回到排練。▸

Ⓐ 滾動潛臺詞：當兩個演員在場景中扮演角色，另一位演員（穿黑衣者）大聲說出某位角色沒說出口的想法。潛臺詞就是我們心裡想著，但沒有說出來的話。將潛臺詞帶到排練裡，可以揭露更深的動機，幫助我們了解需求、提出新的機會以創造價值。

步驟指南

潛臺詞鏈

1. **找出起點陳述**：在排練活動中，停在場景中某段顧客或員工的重要陳述，然後問團隊：「這句的潛臺詞是什麼？」

2. **建立潛臺詞鏈**：接著問，「這句潛臺詞的潛臺詞又是什麼？」並重複下去。隨著問得越來越深入，可以問「為什麼那件事這麼重要？」會比較容易。

3. **記錄／建立實體鏈**：在海報板上記錄不同級別的潛臺詞。如果人數夠，那麼在空間中建立人的實體潛臺詞鏈也會很有幫助。讓大家在關鍵角色後面排成一列，每個人代表一個級別的潛臺詞。

4. **探索情感和實用鏈**：經過幾個步驟後，就會越來越深入了解角色的動機和情感生活面。例如，進行電信業者故事的小組可能會決定「我真的需要網路！」這句話的背後可能帶有「我無法獲得所需的資訊」的潛臺詞。探索一下潛臺詞鏈，可能是這樣：

   陳述：「我需要網路！」

   - 第 1 級潛臺詞：「我沒辦法提供客戶想要的。」
   - 第 2 級潛臺詞：「我可能會丟掉這筆生意！」
   - 第 3 級潛臺詞：「我領不到薪水！」
   - 第 4 級潛臺詞：「我會失去我的家！」
   - 第 5 級潛臺詞：「我沒辦法保護家人了！」

   這是一個比較情緒化的潛臺詞鏈。對於相同情況，更實用的方式如下：

   陳述：「我需要網路！」

   - 第 1 級潛臺詞：「我需要上網。」
   - 第 2 級潛臺詞：「我需要下載一部電影。」
   - 第 3 級潛臺詞：「我需要把這部電影給我客戶看。」
   - 第 4 級潛臺詞：「我需要讓我客戶知道我能提供什麼服務。」
   - 第 5 級潛臺詞：「我需要能協助客戶做決定。」

5. **迭代**：用不同的潛臺詞探索幾段潛臺詞鏈。發現了什麼？把關鍵洞見、點子、錯誤、和問題記錄下來，然後再次回到排練。

方法說明

→ **以假設為基礎 vs. 以研究為基礎**：這個工具能讓我們對服務情境進行更深入的分析。通常，你找出的潛臺詞級別都是以假設為基礎的，但仍然很有價值，因為潛臺詞會產生很好的問題，就能回饋給探索性研究，或引導原型測試。但是，當與研究資料一起使用時，它就會成為反映和分析資料的完善方法。

→ **基本需求：**

通常在情感鏈上進行 5-7 個級別之後，我們會得到非常基本的人的需求，例如保護、家庭、接納和愛，這些深層的原因可以說明為什麼顧客重視我們的服務，或對問題感到生氣。

→ **中間步驟：**

潛臺詞鏈的中間步驟顯示出我們可以提供的潛在產品服務。例如，從實用鏈中我們可以問自己：我們還能怎麼幫助那個人上網？我們可以提供他們外接網卡、平板電腦、還是 WiFi 無線網卡嗎？我們還怎麼能把電影提供給他，或幫助他把電影提供給客戶看？我們可以提供下載服務、燒光碟、出租放映設備或放映場地嗎？我們還能怎麼幫助他向客戶展示他們提供的服務？等等。情感鏈還有潛在的價值：我們如何幫助他提供客戶所需要的東西？獲得更多優惠？處理現金流？等等。◂

A 一個潛臺詞鏈的視覺草圖。

B 建立潛臺詞鏈就是在排練活動中深入了解利害關係人的動機和需求。

桌上演練

桌上演練可被視為互動式的迷你戲劇演出，模擬端到端的顧客體驗。

時間	**準備**：幾分鐘到幾小時 **使用／研究**： 1-2 小時（要設定固定的時間進行迭代）至 1 天
物件需求	筆、剪刀、膠水、紙張、紙板、黏土、玩具人偶、海報板、便利貼、數位相機
活動量	中
研究員／主持人	最少 1 名
參與者	3-6 名
研究手法	參與式觀察、訪談、共創工作坊
預期產出	記錄流程和利害關係人的旅程，就元素的關鍵性達成共識

桌上演練可幫助設計團隊在小型舞台上（通常由樂高積木或紙板搭建）使用簡單的道具（例如玩具小人偶）快速模擬服務體驗，並測試和探索常見的情境和替代方案[10]。**關鍵產出不是圖表／階段的模型，而是逐步走過整段服務的體驗。**

桌上演練是服務設計的招牌方法之一。它有助於使服務的體驗過程本質（隨著時間而發展的故事）變得明顯。與像是顧客旅程圖這類的紙本工具相比，桌上演練可以更快地迭代服務概念。我們能立即找出、嘗試、和測試新點子，服務概念可以快速被修正。另一方面，演練對於許多參與者而言參與度很高，也很容易做。[11]

10 見 Blomkvist, J., Fjuk, A., & Sayapina, V. (2016). "Low Threshold Service Design: Desktop Walkthrough". In *Proceedings of the Service Design and Innovation Conference* (pp. 154-166). Linköping University Electronic Press。

11 我們常遇到參加者對素描或畫畫感到很排斥，但對建造和玩的反對卻少得多。在設計領域的許多出版物中，對視覺化手法的關注可能是一種偏見，原因是設計師在這些領域中通常都接受過訓練。為了能夠在共創的環境中運用所有參與者的技能和才華，所有有用和可用的媒體（書寫／口語、表演、建造、素描等）都應保持平衡。

桌上演練對以下特別有幫助：

— 在團隊中建立端到端顧客體驗的共識

— 找出旅程中的關鍵步驟

— 找出需要處理的任何其他關鍵元素或問題領域

在你花時間和精力製作漂亮顧客旅程圖之前可以使用的好方法。

步驟指南

準備

1 **檢視範疇並釐清原型要問的問題：**簡單回顧一下。你的範疇是什麼？想從此原型測試中獲得什麼？要測試整個體驗還是一部分？後續要測試哪些方面和細節？也考慮一下想要／需要邀請誰來參與演練。只在專案團隊中進行，還是打算讓潛在使用者或其他利害關係人參與？

2 **準備工作區和材料：**準備桌上演練的材料和幾張海報紙。將紙張放在桌上。確保桌子不要太大，讓每個人都可以站在桌子旁並同時做出貢獻。

3 **發想初步的旅程草稿：**選擇一個顧客／人物誌，並進行簡短的腦力激盪：在新服務概念裡，顧客旅程會有哪些步驟？然後，按時間順序快速對便利貼進行排序。現在還沒有必要建立完整的顧客旅程，只要做到剛好可以獲得爛爛的第一版旅程樣貌就夠了。

4 **建立圖表和舞台：**根據初步的旅程，看看哪些場域重要？首先建立一份大概覽圖，其中包含所有服務體驗的相關場域。然後，決定是否需要、要在哪裡放大服務的某些部分（例如，放大在購物中心內一家商店中發生的互動）。必要的話，為每個這種場域建立詳細的舞台規劃。

5 **建立角色、佈景和道具：**角色陣容有哪些？需要建造什麼？為服務中的每個角色／關鍵利害關係人選擇一個人偶，並使用紙、紙板、黏土、或樂高積木來搭建舞台，並快速做出必要的佈景和道具。

6 **配置角色：**把演員確定下來。誰來扮演哪個角色？此外，指派人員在演練過程中追蹤錯誤、洞見、和點子會很有幫助。►

步驟指南

使用／研究

1. **進行第一次演練：**在旅程的每個步驟中必須移動誰或移動什麼？一切都搭配得宜嗎？將所有演員和道具放到開始的位置，然後大略地跟著旅程草稿中的事件，從頭到尾走一遍整個服務。在圖表／舞台上移動人偶，演出所有必要的對話，並與其他演員、裝置等進行互動。

2. **記下錯誤、洞見、和點子的清單：**在每次演練之後，花一些時間回顧哪些可行、哪些不可行、想要改變什麼或哪些在下一步嘗試看看。在海報板上記錄結果，標出錯誤、洞見、新點子、和問題。

3. **決定下一個變化並進行迭代：**檢視一下剛剛模擬的點子，然後在團隊中快速決定（用舉手的簡單多數決）接下來要嘗試哪些尚待解決的變化和點子。然後再進行一次。如果你認為上一個演練非常棒，就快速拍一個 60 秒內的影片提案供後續使用。當工作坊的時間到了，或者小組遇到阻礙時就停下來，請他們換到別的核心活動，例如，做更多的研究、更深入的概念發想。

4. **記錄：**記錄並完成工作。使用顧客旅程圖，照片故事板或影片來記錄演練中最新版的服務體驗。簡單回顧一下海報板上的內容，找出旅程中重要的步驟、其他關鍵元素、以及要在下一步設計流程中處理的問題空間和疑問。

5. **發表（非必要）：**運用說故事的方法，向其他利害關係人展示最後一輪的迭代和關鍵發現，並收集回饋。用影片來記錄發表和最終回饋，再加入到紀錄中是很有幫助的。

方法說明

→ **納入一名觀察員：**嘗試讓每場演練有至少一名觀察員在場，以平衡評斷，並抵銷活躍參與者的偏見。觀察者對經驗有獨立的看法，並向團隊提出回饋。

→ **看得完整：**一定要強迫自己把演練一直進行到最後。尤其是在早期迭代中，點子大量出現，可能會干擾流程。為了解決這個問題，請大家寫下他們的點子和反思，並等到下一步再進行討論。否則，你就永遠沒辦法把一個點子看得完整。

→ **保持順暢：**要小心小組聊起來，因為這個方法會迅速觸發深入的討論。鼓勵小組在演練不同版本時，模擬他們的談話要點。

→ **避免隨意傳送：**小心隨意傳送的狀況。那人怎麼來的？那東西是怎麼到達這裡的？他們後來跑去哪裡了？

→ **處理過多的錯誤：**如果小組進行演練時出現太多的錯誤，請讓他們退後一步，進行簡短的腦力激盪，來產出潛在的解決方案。再回頭使用桌上演練模擬這些解決方案。

→ **納入一位導演：**如果有小組在做決策時遇到困難，或者雜亂無章地提出了超多天馬行空的點子，就放進一位導演的角色。只有導演才能停止演練來討論問題，或更動其他演員。然後演練這些變更或點子，把發現記錄下來。經過一定次數的迭代（例如 3–5 次）後，換另一名組員擔任導演。◂

A 單純在地圖上移動小人偶，並演出對話，可以讓你快速模擬出一段服務經驗、測試、和探索替代方案。

B 演練的基礎是一份包含所有服務體驗的相關場域的大概覽圖。必要的話，為每個這種場域建立詳細的舞台規劃。

C 概覽規劃有助於追蹤更廣泛地理區域中相連的場域。

紙板原型測試

紙板原型測試是指以便宜的紙材和紙板打造所有實體的物件或環境的 3D 模型。

時間	視原型問題的深度和複雜度一從 1-2 小時到幾天
物件需求	具有良好的照明且靈活的空間（也要有足夠的空間來建造並模擬與模型的互動）、人、瓦楞紙板或風扣板、美工刀、剪刀、膠帶、熱熔槍、紙張、便利貼、透明片、麥克筆、數位相機，切割墊
活動量	高
研究員／主持人	1 名或更多
參與者	1 名或更多，4-8 名是理想的小組人數
研究手法	自我體驗（Use-it-yourself，自傳式民族誌）、參與式觀察、訪談
預期產出	研究資料（特別是錯誤、洞見和新點子）、原始錄影紀錄和照片、驗證過的原型紀錄

紙板原型測試是一種常見的低擬真方法，用來測試服務體驗中的實體物件與環境，例如，一間店的內部裝潢、一台售票機、家具、裝置、和較小的道具等[12]。原型可以做得很快，主要使用便宜的紙張和紙板。其他同樣易於使用的材料像是風扣板、黏土、或膠帶，也常常混合使用。

根據範疇，原型可以是縮比尺寸、實際大小，也可以是放大的。為了進一步探索角色和物件在未來服務情境中如何扮演，紙板原型測試通常會與演練（walkthrough）的手法（例如，桌上演練或調查性排練）一起併用。

用紙板做成的原型便宜且容易做。紙板原型的確是所有原型方法中門檻最低的方法之一。幾乎每個人都有過

12 例如，見 Hallgrimsson, B. (2012). *Prototyping and Modelmaking for Product Design*. Laurence King Publishing.

經驗，無論是孩童時期做過，或是陪孩子做。就像紙本原型一樣，紙板原型明顯就是要做來丟棄的。這使製作原型的人更容易放手，進行必要的修改。另外，參加測試的真實使用者也會對提出修正建議感到更自在。

紙板原型製作的最重要部分是原型製作的過程。這有助於讓初步的概念具體化，並探索細節、優點和缺點。**在換成實際尺寸之前先製作許多縮比的版本是比較好的開始，因為速度快。**[13]

縮比模型也能為諸如桌上演練之類的小規模經驗原型手法做好準備，因為這就是在建構空間和關鍵物件，讓演練的體驗更加豐富。

實際尺寸模型則為調查性排練或流程演練等沈浸式體驗做準備[14]。

這鼓勵且能對設計進行更深入探索和迭代。Chick-fil-A 速食店就是一個很好的例子，他們使用紙板原型來測試整個餐廳的設置。新的內裝配置用風扣板製作出來（包括牆、桌子、咖啡機），然後使用演練手法與設計團隊、操作者和建築師一起測試流程和經驗。

紙板原型測試與紙本原型測試的步驟大致雷同，用更通用的 3D 實體模型（實際內容也會包含紙本原型）取代大部分是 2D 的紙本原型。就像紙本原型一樣，紙板原型是給參與測試的使用者操作來完成任務，而操作者則操縱原型的不同部分來模擬物件的功能。

步驟指南

準備

1. **選擇使用者：**要找誰測試這個紙板原型？選擇一個人物誌、特定使用者類型、或主要利害關係人。
2. **檢視範疇並釐清原型要問的問題：**你想知道什麼？要測試物件或環境的全部或一部分？哪一部分你最感興趣？要使用者進行哪些任務？考慮一下脈絡：物件或環境在顧客旅程的哪一步有作用？列出要測試的任務。
3. **製作必要的部件：**使用簡單的材料製作物件／環境或你要關注的部分。如果物件是互動的，就要製作活動所需的一切。▶

13 例如，在過程的早期，進行為時 6 小時的原型製作活動可以讓 3–5 人的團隊做出 20 多個草模和 3–5 個桌上大小的紙板原型，然後再做出決定，在最後 2 小時中製作一個全尺寸的原型。

14 有關服務設計師製作紙板醫院的範例，見 Kronqvist, J., Erving, H., & Leinonen, T. (2013). “Cardboard Hospital: Prototyping Patient-Centric Environments and Services.” In *Proceedings of the Nordes 2013 Conference* (pp. 293–302). The Royal Danish Academy of Fine Arts。影片見 *https://vimeo.com/46812964*。

4 分配角色並進行準備：將團隊分為使用者、操作者和觀察者三組，給他們一些時間準備。除了你作為主持人之外，所有角色都可以由一個或多個人扮演。若你不是找實際使用者來測試，請給要扮演使用者的人幾分鐘，讓他們熟悉並同理選定人物誌或使用者類型的需求、動機和背景脈絡。讓操作者練習如何組織所有元件，以便快速操作和模擬物件或環境的互動。最後，請準備扮演研究員的人為觀察活動進行準備。

步驟指南

使用／研究

1 測試原型：開始進行測試。要求使用者執行指定的任務。當使用者開始使用介面或小心使用物件（開始操作、按按鈕、在鍵盤上輸入、拉動手柄等）時，操作員則抽換頁面畫面或新增元件來模擬物件或環境的反應。迭代修正，直到使用者將任務完成或完全失敗為止。

2 記下錯誤、洞見、和點子的清單：確保觀察者有在測試的整個過程中記下各種觀察。在每場測試之後，花一些時間回顧哪些可行、哪些不可行、想要改變什麼或哪些在下一步嘗試看看。大概討論一下發現的問題，並進行優先順序排列。

3 修正原型（非必要）：現在有可以或一定要進行的修正嗎？記得，紙板原型的修正可以非常容易、快速地進行。現在就做吧。

4 決定下一個任務並進行迭代：完成剛剛模擬的任務，快速決定接下來要試哪一個。然後再做一次。

5 記錄：記錄並完成工作。使用原型的照片、影片以及重要互動來記錄最終的原型測試。簡單回顧一下海報板上的內容，找出重要的問題、以及要在下一步設計流程中處理的問題和機會空間。

6 發表（非必要）：運用說故事的方法，向其他利害關係人展示最後一輪的迭代和關鍵發現，並收集回饋。用影片來記錄發表和最終回饋，再加入到紀錄中是很有幫助的。

方法說明

→ **大聲說出來：**鼓勵使用者在進行任務時放聲思考。

→ **安靜的操作者：**操作者通常是安靜的。請他們不要解釋原型怎麼用。[15]

→ **怎麼製作：**首先要製作出基本形式（例如：自動販賣機的主體或敞篷車的主體）。然後加上一些活動部件。活動部件可以粗略製作，或在模擬過程中針對某些功能加上去／替換上去，也可以簡單地添加或更換運動部件以滿足特定功能（例如：自動販賣機加上機械臂或汽車的敞篷車頂）。

15 當然，你可以隨時暫時取消這個規則，讓操作者幫助使用者。也可以刻意決定在過程中是否有必要進行小組討論，例如，討論無法立即解決的障礙。

最後，加上紙本原型的軟體／介面元素（例如：螢幕、鍵盤、控制燈）。

→ **運用手邊現有的物品：**紙板原型很容易離題，大家會因為好玩就開始製作各種東西。但是，如果現場有平板電腦，那就不要用紙板做。盡量運用手邊現有的物品。◀

Ⓐ 初期的紙板原型很便宜，製作起來也很簡單。這個方法在所有原型測試方法中的門檻是最低的。

Ⓑ 原型可以是縮比的、實際尺寸、也可以是放大的，這取決於原型的範疇。

Ⓒ 以民眾為中心的辦事處的情境式實際尺寸紙板原型。[16]

Ⓓ 概念化三個物料輸送載具，並製作 1：5 縮比模型。

16 圖片提供：We Question Our Project。

數位服務排練

數位服務排練為調查性排練的一種變化型，把數位介面做得像是人在對話或互動一樣。

時間	視服務的深度和複雜度—從 20 分鐘到幾小時
物件需求	靈活的私人空間、家具、手邊的任何物品、海報板、一個起點
活動量	高
研究員／主持人	1 名或更多
參與者	每組 3-7 名
研究手法	自我體驗（Use-it-yourself，自傳式民族誌）、參與式觀察、共創工作坊
預期產出	洞見、點子、通常會有更多問題和假設、原始錄影影片和照片

調查性排練這類的戲劇手法對於數位產品原型測試是非常有用的。這些手法讓技術和 UI 專家可以跳脫介面問題，並發現專案中的其他機會和替代方案。

作為第一個原型，甚至在繪製任何線框圖之前，都要進行排練，由一個人來扮演 App 或網頁。場景是與一個人類朋友或一位知識豐富的（隱形）管家交談，觀察互動狀況，而非直接進行數位思考。在此之後，團隊才會思考如何將體驗數位化。例如，約會 App 可以由扮演人類媒人（或「瓶中精靈」）的人進行排練，這個人訪談人們，根據他們的興趣彼此介紹，建議一個適合雙方的約會地點並回應他們的反應，或在約會時用悄悄話建議對話主題。同樣地，也可以用一個櫃檯詢問「您想找什麼樣的人呢？」來模擬登入頁面，然後自然地發展對話。想一想，這會怎麼影響你的數位設計？

調查性排練是用一種結構式、全身投入的方式以檢視互動，並發展新的策略。這是一種以論壇劇場為基礎的強大手法，可以用來檢視、了解、和嘗試行為或流程。這個手法能釐清經驗的情感面，並揭露許多實體空間、語言和調性的實際程度。洞見隨後被轉化為令人興奮的數位領域使用者介面。

當很技術導向的團隊進行原型製作時，這個手法也被證明是有用的。有些團隊傾向於以流程圖或舊的介面模式思考，而沒有考慮人性的一面。排練數位服務能幫助團隊擺脫線框圖和技術，並以人們對話的方式使用這個App。這能讓他們發現解決方案空間比原本想的要寬廣許多，並且往往可以藉由排練在第二次迭代中為App增加更多的價值。

步驟指南

準備

1. **決定或考慮一下目的，和原型或研究要問的問題：**開始之前，要決定或考慮一下目的，和原型或研究要問的問題。想知道什麼？要測試整段經驗還是一部分經驗？哪部分讓你最感興趣？需要或想要做到多細？

2. **創造安心空間：**調查性排練是一種不常用的工具，因此需要在讓人感到安心的空間中進行[17]。對於新團隊而言，會需要花一些時間來讓心理和身體都進入狀況。可以做一些暖場活動，並訂下排練規則，讓大家對工作模式達成共識（見右圖）。

3. **找到起點：**選擇一個起點，例如，原始點子、或來自研究的使用者故事，然後準備道具和空間。接著，快速讓自己熟悉一下選定的故事。

17 更多關於安心空間的資訊以及使用調查性排練的工作坊案例，見 #TiSDD 第 10 章，**主持工作坊**。

排練規則

為成功的排練做好準備。

1......................動手做，少說。
2............................ 認真地玩。
3...........使用手邊現成的東西。

步驟指南

使用／研究

1. **觀看：**找一個人扮演 App 或網頁，把故事跑過一遍。別只把數位產品當作一個人，要把它當作一個擁有超能力的人，對各種知識和媒體無所不知，像是一位知識豐富的管家或「瓶中精靈」一樣。記得：不要扮演機器人，要演一個真人。

2. **理解：**現在，請一組重新開始，並要在場的人在發現有趣的事情時喊「停！」。可以是一個實質的挑戰、奇怪的處理步驟、特定的單詞選擇、或特殊的肢體語言。可能每隔幾秒鐘就會喊一次「停！」。目標是深入了解在實體、情感、和動機層次上正在發生什麼，看看是不是必要的互動。鼓勵參與者盡量具體描述，如果他們說：「我覺得櫃檯人員表現出開放且誠實，」就接著問：「櫃檯人員的是怎麼樣表現出開放且誠實？她做了什麼使她表現得開放且誠實？」把洞見記下來，並繼續進行，先不要換場景。如果場景很長，不一定需要詳細全部走完，只要是有意義的就繼續下去。最後，以掌聲作結。

3 **更動、迭代：**現在，讓小組再演一次場景，但是這一次，當觀眾認為服務過程中哪裡可以不同時，就叫「停！」。尋求替代方案，而不是改進方案。當出現一個「停！」的時候，請大家不要描述這個點子，而是直接用場景中的角色演出來（規則1：「動手做，少說。」）可能的話，一次只變動一件事，然後讓更動過的場景進行一陣子，這樣小組就有機會在下一個停止之前看到每次改變的效果。試著確認效果是什麼，並在海報板上記下點子（也可以記下點子在此場景中的效果）。然後決定是否要繼續進行，檢視一下替代方案，還是要返回原始版本。迭代，迭代，再迭代。

4 **將體驗數位化：**經過幾次迭代後，思考如何將體驗數位化。讓團隊從紀錄海報板上挑選出關鍵的點子，然後開始畫介面草圖。例如，App 要如何顯得「開放且誠實」？快速做個分享，並收集回饋。

5 **手邊要隨時有一張問題、洞見和點子的清單：**追蹤排練過程中任何所學到的東西非常重要。在完成每個步驟後，請小組花點時間思考哪些方法可行，哪些無效，哪些要更動或在下一步進行嘗試。在海報板上記錄結果，並把洞見、問題、點子、和新問題分別記在不同區塊。

6 **決定下一個場景，重複以上活動：**目前的場景結束後，換到下一組的場景，或重新回到這組的原點，決定下一步嘗試哪個部分，然後再做一次。當工作坊的時間到了，或者小組遇到阻礙時就停下來，請他們換到別的核心活動，例如，做更多的研究、更深入的概念發想或切換到其他原型測試方法。

7 **記錄：**記錄並完成工作。使用紙本原型、線框圖、互動式可點擊模型、顧客旅程圖、照片故事板或影片來記錄排練中最新版的服務體驗。簡單回顧一下海報板上的內容，找出關鍵的洞見、點子、錯誤和問題。試著根據新發現來對後續步驟達成共識，往前推進專案。▶

A 團隊使用調查性排練針對零售服務退貨的流程進行「壓力測試」。由兩位團隊成員模擬接觸／互動的情況，其他人則準備以不同替代方案介入流程、設定、系統或行為。筆記型電腦後面的設計師代表了原始場景中的一個人，但她也可以直接代表（或成為）數位系統。

B 在每個步驟後，團隊檢討哪些可行，哪些無效，哪些要更動或在下一步進行嘗試。保持簡單扼要。然後繼續下去。記得「請不要用說的，演給我看！」

方法說明

- **不要扮演機器人，要演一個真人：**特別是在活動開始時，一定要提醒演員們，他們不能變成技術系統。可以提醒他們，現在討論在 App 裡要做的任何事，在 20 到 50 年前，都是由人來完成的。那個人會怎麼做？他們會表現得怎麼樣？

- **讓大家保持專注和持續動作：**主持人要使團隊保持專注、持續動作、和坦白。同時，主持人也必須使團隊保持腳踏實地，確保大家不是在創造一個每個人都有高度熱忱、非用他們的服務不可的完美世界。我們的經驗是，直接展示問題或優勢比用討論的好，因此主持人得常常說：「**請不要用說的，演給我看！**」

- **探索性或評估性－工作室或場域：**這裡描述的調查性排練是一項很棒的探索性原型測試活動。在最基本的形式上，這方法只需要人、一個空間和一個帶有啟發的原型問題。但是，如果你決定在脈絡中進行（可能是在使用者的實際工作場所中，由真正的員工來扮演角色，或者是在非常理想的模擬環境中），調查性排練可以產生真實有效的發現，以支持你的決策。[18] ◀

不要把它叫做「角色扮演」！而是給「快速狀況回報」或是跟他們說：「你可以站起來快速展示一下嗎？」大家並不喜歡這個詞，因為在許多培訓課程中已經被濫用。技術上來說，調查性排練不是角色扮演，只是看起來非常相似。因此，可以稱為排練、模擬、肢體激盪、服務演練、或者什麼稱呼都不要－直接說「演給我看」即可。

18 Oulasvirta, A., Kurvinen, E., & Kankainen, T. (2003). "Understanding Contexts by Being There: Case Studies in Bodystorming." *Personal and Ubiquitous Computing*, 7(2), 125–134.

紙本原型測試

在紙本原型測試中，數位介面的畫面手繪於紙上並展示給使用者，以快速測試介面。

時間	**準備**：視原型的複雜度一從 1-2 小時到幾天 **測試**：大約每位使用者／每組花 1-2 小時
物件需求	空間（真實情境或實驗室）、筆、膠水、剪刀、紙／紙板、便利貼、透明片、麥克筆、數位相機
活動量	低
研究員／主持人	1 名或更多
參與者	4-8 名是理想的小組人數
研究手法	自我體驗（Use-it-yourself，自傳式民族誌）、參與式觀察
預期產出	研究資料（特別是問題、洞見和新點子）、原始錄影紀錄和照片、測試不同變數的紀錄，當然還有紙本原型本身

紙本原型測試是一種常見的低擬真方法，使用互動式的紙張模型對軟體和介面進行原型製作和測試[19]。把介面的畫面畫在紙上，呈現給使用者看。使用者可以用手指「點擊」來操作介面，指出想做的事。研究員則抽換頁面畫面或新增「彈跳視窗」的小紙張來模擬電腦／裝置的回應。

自 1990 年代初以來，紙本原型就已經是用來對軟體和介面設計進行原型測試的工具之一，也獲得了應有的地位。這個方法之所以成功，是因為在紙上建立介面比起數位模型快得多（特別是在過程的早期階段），更不用說程式開發了。另外，紙本原型也很容易修正，即使在原型測試的期間也能改。試試程式碼能不能這樣改吧。▶

19 見 Snyder, C. (2003). *Paper Prototyping: The Fast and Easy Way to Design and Refine User Interfaces*. Morgan Kaufmann.

此外，將低擬真紙本原型與電腦進行的高擬真原型相比的研究發現，「低擬真和高擬真原型在揭露易用性問題上同樣有效。[20]」即使紙本原型的基本外觀十分簡單，精緻度不高，但在其他方面（例如結構導航或實際功能特點）擬真度卻是高的，因此這可以儘早為這些方面帶來深度的洞見。

當然，紙本原型有其局限性。例如，它無法用來測試與媒介相關的問題。許多紙本原型還會刻意忽略外觀。但是，在探索不同的設計方向時，紙本原型仍然非常有用。另一方面，高擬真原型在實際外觀感受、真實性能資料（App 的回應或延遲）、或向不熟悉低擬真度原型的管理層或其他利害關係人展示時能發揮其優勢。

線框草圖是紙本原型的一個很好的起點。線框讓人容易了解網站或 App 的版面，但通常不包含真實內容，並且使用假圖、假文字而不是真實圖像或文字。這會使受測者較難在測試情境中使用，因為還有很多（太多？）空白需要使用者自行想像。因此，從線框圖開始並快速加入關鍵內容。

另一個有趣的方面是這個方法對決策的影響。紙本原型是一筆很小的投資，也明顯的是做來丟棄的。這使創建原型的人更容易放手進行必要的修改，參加測試的使用者也會對提出修正建議感到更自在。

20 見 Walker, M., Takayama, L., & Landay, J. A. (2002). “High-Fidelity or Low-Fidelity, Paper or Computer? Choosing Attributes When Testing Web Prototypes.” In *Proceedings of the Human Factors and Ergonomics Society Annual Meeting* (vol. 46, no. 5, pp. 661–665). SAGE Publications.

步驟指南

準備

1 **選擇人物誌或使用者：**要找誰測試這個紙本原型？選擇一個人物誌或一個特定的使用者類型。

2 **檢視範疇並釐清原型要問的問題：**檢視一下範疇和原型想要問的問題。你想知道什麼？要測試整個介面或一部分？要使用者進行哪些任務？想要／需要測試到多細？列出稍後要測試的任務清單。也考慮一下想要／需要邀請誰來參與，只在專案團隊中進行，還是打算讓潛在使用者或其他利害關係人參與？

3 **畫出必要的部件：**手繪出使用者在使用介面時會操作的所有內容。確保內容不僅包括視窗、選單、對話框、頁面、彈出視窗等，也還包括實際關鍵內容／合理的資料。

4 **分配角色並進行準備：**將團隊分為使用者、（電腦）操作者和觀察者三組，除了你作為主持人之外，所有角色都可以由一個或多個人扮演。給他們一些時間準備，練習在測試中扮演的角色，和會經歷的步驟。請給要扮演使用者的人幾分鐘，讓他們熟悉並同理選定人物誌或使用者類型的需求、動機和背景脈絡。▸

Ⓐ 手繪出介面內容：視窗、選單、對話框、頁面、彈出視窗等。

Ⓑ 進行測試：使用者「點擊」（即用手指觸摸按鍵）。當使用者開始操作介面時，操作者會抽換介面或添加新物件來模擬介面的改變。

步驟指南

使用／研究

1 **測試原型：**開始進行測試。介紹一下專案和原型的脈絡，要求使用者執行指定的任務。大致向使用者說明要怎麼「點擊」（例如，用手指按按鈕、按超連結）或「輸入」（在適當的區塊用筆寫入資料）。當使用者開始與介面互動時，操作員則抽換頁面畫面或新增元件來模擬介面的反應。迭代修正，直到使用者將任務完成或完全失敗為止。

2 **記下錯誤、洞見、和點子的清單：**觀察者要在測試的整個過程中記下各種觀察，整理成清單。在每場測試之後，花一些時間回顧哪些可行、哪些不可行、想要改變什麼或哪些在下一步嘗試看看。大概討論一下發現的問題，並進行優先順序排列。

3 **修正原型（非必要）：**紙本原型的修正非常容易、也很快速。想一下有現在就要修改的地方嗎？

4 **決定下一個任務並進行迭代：**完成剛剛模擬的任務，快速決定接下來要試哪一個。然後再做一次。

方法說明

→ **大聲說出來：**鼓勵使用者在進行任務時放聲思考。

→ **安靜的操作者：**操作者通常是安靜的。請他們不要解釋原型怎麼用。經驗法則是：如果裝置或電腦沒有說／沒顯示／沒發出聲音，操作者也不應該有所回應。[21]

→ **必要時進行討論：**有必要的話，你也可以刻意決定在過程中進行小組討論，例如，討論無法立即解決的障礙。◄

21 當然，你可以隨時暫時取消這個規則，讓操作者幫助使用者。

互動式點擊模型

互動式點擊模型是一種常見的低擬真方法，用來建立第一版可操作的數位原型。

時間	**準備**：視原型的複雜度一從 1-2 小時到幾天 **測試**：大約每位使用者／每組花 1-2 小時
物件需求	空間（真實情境或實驗室）、筆、膠水、剪刀、UI 模板、便利貼、原型測試 App
活動量	低
研究員／主持人	1 名或更多
參與者	4-8 名是理想的小組人數
研究手法	自我體驗（Use-it-yourself，自傳式民族誌）、參與式觀察
預期產出	研究資料（特別是問題、洞見和新點子）、原始錄影紀錄和照片、測試不同變數的紀錄，當然還有點擊模型本身

近幾年來，慢慢有很多 App 可以幫你用簡單的紙本原型做出數位點擊模型。流程與紙本原型的製作相同，只不過素材是紙本草圖和神奇 App 的混合。[22]

第一步，先手繪出使用者在操作介面時會遇到的所有畫面。接著，使用原型製作 App 將所有畫面拍照、定義按鈕、再將它們相互連結到其他畫面。連結完所有畫面之後，互動式點擊模型就完成了，可用來進行測試或說故事。

有些原型製作 App 用起來超簡單，就算沒有基本技術知識的人也可以在 20-30 分鐘之內學會。教他們使用原型製作 App 而不是僅僅依靠需求單，可以大大改變專家與開發人員之間的溝通方式。▶

22 見案例 *marvelapp.com.*

步驟指南

準備

1. **選擇人物誌或使用者：**要找誰測試這個紙本原型？選擇一個人物誌或一個特定的使用者類型。

2. **檢視範疇並釐清原型要問的問題：**檢視一下範疇和原型想要問的問題。你想知道什麼？要測試整個介面或一部分？要使用者進行哪些任務？想要／需要測試到多細？列出稍後要測試的任務清單。也考慮一下想要／需要邀請誰來參與，只在專案團隊中進行，還是打算讓潛在使用者或其他利害關係人參與？

3. **畫出必要的部件：**手繪出使用者在使用介面時會操作的所有內容。確保內容不僅包括視窗、選單、對話框、頁面、彈出視窗等，也還包括實際關鍵內容／合理的資料。

4. **置入原型製作 App：**設定原型製作 App。將手繪介面拍照，再將圖片置入原型製作 App 中。接著在 App 中定義連結草圖之間的點擊區域，這樣就能有效地製作出可點擊介面。

5. **分配角色並進行準備：**將團隊分為使用者和觀察者。給大家一些時間準備，練習在測試中扮演的角色，和會經歷的步驟。

步驟指南

使用／研究

1. **測試原型：**開始進行測試。介紹一下專案和原型的脈絡，要求使用者執行指定的任務。大致向使用者說明要怎麼操作這個點擊模型。迭代修正，直到使用者將任務完成或完全失敗為止。

2. **記下錯誤、洞見、和點子的清單：**觀察者要在測試的整個過程中記下各種觀察，整理成清單。在每場測試之後，花一些時間回顧哪些可行、哪些不可行、想要改變什麼或哪些在下一步嘗試看看。大概討論一下發現的問題，並進行優先順序排列。

3. **修正原型（非必要）：**原型的修正仍然很容易、也很快速。想一下有現在就要修改的地方嗎？

4. **決定下一個任務並進行迭代：**完成剛剛模擬的任務，快速決定接下來要試哪一個。然後再做一次。

A 特殊的原型製作 App 讓任何人（甚至是沒有基礎知識的人）都能將手繪畫面拍照、定義按鈕、把畫面相互連結來製作介面的互動式點擊模型。原型可以用來對潛在使用者進行測試或說故事，以收集有價值的回饋。

方法說明

→ **大聲說出來：**鼓勵使用者在進行任務時放聲思考。

→ **必要時進行討論：**有必要的話，你也可以刻意決定在過程中進行小組討論，例如，討論無法立即解決的障礙。

→ **展示並說明：**操作員也可以向使用者展示 App 的操作方式，而不是讓使用者自己操作點擊模型。這也能在不製作其他必要變化的狀況下引起回饋。

→ **拍攝影片：**一邊說出在 App 上做的事情，一邊把點擊模型的操作拍攝下來，是一種傳達設計意圖的好方法。

線框圖

線框圖使用非圖像的數位介面框線及架構來顯示畫面如何一起搭配運作，並在設計團隊內建立起共識。

時間	視原型的複雜度一從 1-2 小時到幾天
物件需求	空間、筆、紙、便利貼（用來做註解）、白板、數位相機
活動量	低
研究員／主持人	1 名或更多
參與者	2-10 名
研究手法	自我體驗（Use-it-yourself，自傳式民族誌）、參與式觀察
預期產出	研究資料（特別是問題、洞見和新點子）、原始錄影紀錄和照片、新的線框圖和註解的記錄

線框圖是網頁或軟體／ App 介面非圖像的配置或佈局，其中包括導航結構以及內容元素[23]。但是，大多數元素是暗示性的而非明確的，這讓早期的線框能被快速創造出來，也不需要太多的專業技能和資源。

線框圖通常用來幫助設計團隊中不同專業領域的人溝通協調。將基本的概念結構（包括可用功能或資訊架構）與視覺設計連結，有助於團隊理解和探索軟體中各部分如何協調運作。線框圖也可以用來繪製顧客旅程，或作為紙本原型、互動式點擊模型的出發點。它就像是數位接觸點的通用藍圖，也可以用來定義使用者介面規範、轉場、和手勢，以及協調許多其他重要事項。

23 見 Brown, D. M. (2010). *Communicating Design: Developing Web Site Documentation for Design and Planning*. New Riders。

步驟指南

準備

1 **選擇使用者：**要找誰測試這個紙本原型？選擇一個人物誌或一個特定的使用者類型。

2 **檢視範疇並釐清原型要問的問題：**大致回顧一下，範疇是什麼？你想知道什麼？要測試整個經驗或一部分？對哪部分最有興趣？要測試一個還是多個目標族群？高層次結構清晰嗎？是否需要分開的登陸頁面？想要確定正確的結構還是也想測試故事情節？等等。也考慮一下想要／需要邀請誰來參與，只在專案團隊中進行，還是打算讓潛在使用者或其他利害關係人參與？

3 **準備線框圖：**在紙上、白板上或線框圖 App 裡手繪出介面的內容。不要使用顏色或特殊字型。盡量先將美感忽略，放假圖或假文字的內容。

步驟指南

使用／研究

1 **向受眾展示線框圖：**為將來 App 中將使用的線框圖建立脈絡。然後介紹一下線框圖內容，解釋視覺概念，並說明關鍵元素。

2 **徵求回饋：**與團隊或選定的受眾討論。

3 **一邊進行記錄：**用註解記下介面元素行為的改變和新點子。你也可以加上與系統相關的內容或脈絡細節。◂

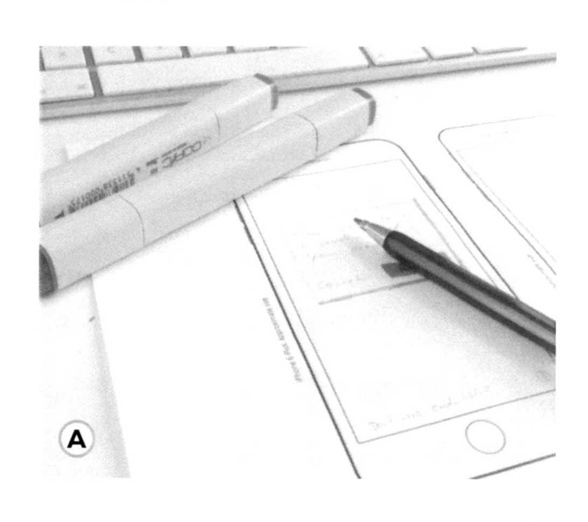

Ⓐ 線框圖幫助設計團隊了解、探索軟體的各個不同部分如何搭配運作。也將概念的結構、功能或資訊架構連結成視覺設計。

服務廣告

服務廣告是一種廣告原型，讓我們（重新）聚焦於核心價值主張，並測試新服務的需求度和被感受到的價值。

時間	從 15 分鐘到幾小時（這是廣告海報花的時間，其他形式的準備和產出可能需要更久時間）
物件需求	海報紙和麥克筆、A4 紙（用來畫草圖）、便利貼、白板、數位相機、膠帶
活動量	中至高
研究員／主持人	0 或 1 名
參與者	1 名或更多（4-8 名是理想的小組人數）
研究手法	參與者觀察、訪談、協同設計
預期產出	研究資料（特別是問題、洞見和新點子）、原始錄影紀錄和照片、受測者的引述、以及服務廣告本身（例如：海報或廣告的影片原型）

將服務廣告作為原型可以幫助你快速探索和找到設計概念中本質的潛在核心價值主張。在設計團隊中，製作服務廣告還可以讓團隊（重新）聚焦於原型或點子的核心價值主張。爾後，可以用服務廣告來測試目標受眾是否理解，並重視這些創新。

服務廣告中最普遍的形式是簡單的廣告海報，也就是鑾大的一張 A1 或 A0 海報，運用簡潔的標語、引人入勝的視覺和文字在公車站或購物中心等公共場所進行溝通或銷售。在專案中，服務廣告也可以做成線上廣告、網頁登陸頁面、或電視或影片廣告，也有深度的紀錄片式的變化型。

服務廣告應用在受眾的測試和研究中，**對於進行「弄假直到成真」的原型測試手法已被證明是非常有效的。**線上鞋類零售商 Zappos 並不是先進行昂貴且複雜的分銷或倉儲系統的原型測試，相反地，創辦人製作了一個原型，專注於探索和評估核心價值主張：顧客真的願意上網買鞋子嗎？他先建立了一家輕量的網路商店來銷售鞋子。每當有人訂購時，他就會親自去當地的店裡，以正價購買並寄給顧客。幸運的是，他發現確實有此需求。Zappos 在 2008 年的銷售額達到 10 億美元，並於 2009 年以 12 億美元賣給了亞馬遜。[24]

實際上，群眾募資平台上的許多募資活動也可以看作是廣告原型，試圖銷售（a）服務或產品，以及（b）信任，相信團隊在募資成功後能夠真的做出來。

在製作廣告原型時，要記得 Elmer Wheeler 的那句名言：「不要賣牛排，要賣牛排的滋滋作響。牛排是因為滋滋聲而賣出的，不是牛本身。生活中所有的商品都隱藏著這個滋滋聲。滋滋聲是起士的濃郁、餅乾的酥脆、咖啡的香氣、以及泡菜的皺摺。[25]」這意味著你不能只是描述有關新產品的事實。以家用車為例，也許對某些人來說，知道這部車具有由熱軋硼鋼（「牛排」）製的車體骨架會很高興。但是，更重要的是，這個東西（「硼…什麼來的？」）能保護家人的安全（「滋滋聲」）[26]。另一方面，只談好處（滋滋聲）也沒用。在沒有大致了解自己到底在買什麼的情況下，沒有人會願意購買「能讓你發大財的神秘產品」。

為了保有原型的目的，維持平衡是個關鍵。服務廣告要說明足夠的事實和細節（「牛排」），讓受眾可以理解新服務或產品本身，但同時也需要傳達足夠的情感（「滋滋聲」），讓他們了解為什麼應該在意。透過這樣的結合，就能從研究受眾身上獲得寶貴的回饋。

24 取自 Ries, E. (2011). *The Lean Startup: How Today's Entrepreneurs Use Continuous Innovation to Create Radically Successful Businesses*. Crown Books。

25 見 Wheeler, E. (1938). *Tested Sentences That Sell*. *Prentice Hall*。

26 另一個版本將「香腸」與「滋滋聲」進行比較。你無法用說的來賣香腸：「經過清理的動物腸衣中灌了不能賣的廢肉」是精準的描述，但卻倒胃口。你必須以「滋～～～」的滋滋聲來賣。

步驟指南

準備

在此範例中，我們先假設服務廣告是一張海報。其他媒材也可以用類似方法發展出來。

1. **選擇受眾：**誰是這個廣告的受眾？選擇一個人物誌、特定的使用者類型、或關鍵利害關係人，讓自己熟悉一下這組受眾。

2. **檢視一下範疇並釐清原型要問的問題：**回顧一下。範疇是什麼？你想知道什麼？要測試整個概念或一部分？要使用者進行哪些任務？哪部分讓你最感興趣？也要考慮一下脈絡：廣告會在顧客旅程的哪一步出現？

3. **畫出必要的部件：**進行一場簡短的腦力激盪，為海報激發出情感的（「滋滋聲」）和根據事實的（「牛排」）內容點子。想要在廣告中溝通什麼？什麼能作為適當的情感誘因或故事？哪些是事實？ ▶

4 **畫出廣告：**在大的海報紙上分別畫出幾個服務的廣告。記得，廣告必須讓人快速且容易理解，要多用圖片、少用文字，並仔細挑選。大多數人看廣告海報的時間不會超過幾秒鐘。因此，聚焦核心資訊是很重要的。選擇要繼續下去的版本，並與受眾進行測試。

步驟指南

使用／研究

1 **測試廣告：**將廣告呈現給還不知道你專案內容的人看，收集他們的回饋意見：他們認為廣告的目的是什麼？他們獲得了產品的哪些事實？有哪些情感方面的內容？想了解更多嗎？會想買嗎？

2 **記下錯誤、洞見、和點子的清單：**確保在測試的整個過程中記下各種觀察，整理成清單。在每場測試之後，花一些時間回顧哪些可行、哪些不可行、想要改變什麼或哪些在下一步嘗試看看。進行優先順序排列。

3 **修正廣告（非必要）：**有現在就要修改的地方嗎？記得，廣告海報的修正很容易、也很快速。現在就改吧！

4 **決定下一個任務並進行迭代：**完成剛剛測試的任務，快速決定接下來要試哪一個。然後再做一次。

5 **記錄：**記錄並完成工作。使用廣告的照片、影片、以及重要互動來記錄最終的版本。簡單回顧一下海報板上的內容，找出重要的問題、以及要在下一步設計流程中處理的問題和機會空間。

6 **發表（非必要）：**運用說故事的方法，向其他利害關係人展示最後一輪的迭代和關鍵發現，並收集回饋。用影片來記錄發表和最終回饋，再加入到紀錄中是很有幫助的。

方法說明

→ **使用廣告專用的點子卡：**如果團隊中沒有廣告專家，可以考慮使用點子卡，例如 Mario Pricken 的 Creative Sessions 牌卡組[27]。這些牌卡是根據深入分析各種成功廣告而產出的大量且可掌握的創意模式而建立的。

27 Klell, C., & Pricken, M. (2005). *Kribbeln im Kopf: Creative Sessions*. Schmidt。是一組很棒的牌卡（德文版），可以用來進行廣告發想。此牌卡是以 Pricken, M. (2008). *Creative Advertising: Ideas and Techniques from the World's Best Campaigns*. Thames & Hudson. 一書為基礎發展而來。亦見 #TiSDD 6.4 **概念發想方法**使用牌卡和檢核表。

這些模式可用來進行概念發想，大大提高廣告成果的水準。[28]

→ **把廣告演出來：**依照它的格式演出來。也可以使用戲劇手法，例如調查性排練來即興表演，很快的把電視廣告演出來。或是模擬在店裡面的快速推銷情境。

→ **考量品牌：**在討論原型測試的範疇時，要注意廣告始終與品牌密切相關。如果必須在現有品牌下進行，則可以選擇遵循企業識別，或明確地跳脫或完全忽略它。這能讓你探索品牌對服務或產品的相互影響，並幫助評估可能的必要品牌延伸。「人們會買嗎？」與「人們會跟（你的新創／跨國公司／非營利組織／公部門組織／…）買嗎？」是完全不同的。◀

Ⓐ 服務廣告的海報是一種快速且引人入勝的方式，用來快速探索、釐清和測試價值主張。

28 Goldenberg, J., Mazursky, D., & Solomon, S. (1999). "The Fundamental Templates of Quality Ads." *Marketing Science*, 18(3), 333–351.

桌上系統圖（又稱為：商業摺紙法）

桌上系統圖是一種運用代表主要人物、地點、通路和接觸點的簡單剪紙圖樣，來幫助我們了解複雜價值網絡的手法。

時間	大約 2-3 小時（取決於小組大小）
物件需求	空間、商業摺紙工具包、剪刀、筆、膠帶、數位相機，一組需要被探索的新服務概念
活動量	中
研究員／主持人	1 名或更多
參與者	5-15 名。需對現階段服務系統有充分的了解，或希望能探索未來服務系統的新概念（從組織的各層級中挑選適當的組合，以全面理解服務系統）
研究手法	參與者觀察、協同設計
預期產出	線框圖、洞見、點子、問題、紀錄

將代表主要人物、地點、通路和接觸點的簡單剪紙圖樣在桌上或平放的白板上快速放置、移動和重新配置，直到團隊對看起來的樣子滿意為止。在白板上進行群組分類或在不同元素之間畫出關聯性，就能讓關係和價值互換變得具象。由於大多數系統本質上都不是靜態的，因此，許多專案會長時間關注模型的發展（「服務系統旅程」）或比較替代系統。[29]

商業摺紙法的互動方式非常直觀簡單，無需任何專業知識就能讓所有人參與其中。由於剪紙的外觀很簡潔，這是一個很不錯的入門工具。元件的簡單性以及能夠快速嘗試不同配置是這個守法的關鍵。它能引起參與者之間的對話，快速揭露假設，並能幫助

29 見 Hitachi Ltd. (n.d.).“Experiential Value: Introduce and Elicit Ideas”，取自 *http://www.hitachi.com/rd/portal/ contents/design/business_origami/index.html*。亦見 McMullin, J. (2011). ”Business Origami"，取自 *http://www.citizenexperience.com/2010/04/30/business-origami/*。

複雜服務生態系統的內部運作方式達成共識。重要的是，關鍵的產出不是模型本身，而是團隊建立服務系統模型的過程經驗。

作為一種手法，商業摺紙法可應用於整個服務設計過程。在研究過程中，它可以用來描繪並了解現有的業務或服務系統。在後續概念發想和原型測試中，它可以幫助你不斷探索新建立的未來服務概念可能帶來的業務系統類型。

Jess McMullin 說：「商業摺紙法創造了一部迷你電影集，用道具和演員來說故事。」[30] 意思是說，商業摺紙法是將桌上演練的內容用旅程的方式描繪出來，即是有時兩者的界線是模糊的（你可以只使用商業摺紙法工具包的元素來進行完整的桌上演練）。但是，我們會建議你將方法分開。使用桌上演練來關注利害關係人在一段時間內的體驗。使用商業摺紙法來檢視更全面的服務系統，以及之中不同的部分長時間下來如何彼此配合運作。

30 McMullin, J. (2011) "Business Origami - UX Week 2011 Workshop." Retrieved January 4, 2016, from *http://de.slideshare.net/jessmcmullin/business-origami-ux-week-2011-workshop.*

步驟指南

準備

1 **檢視範疇並釐清原型要問的問題：**回顧一下範疇和原型想問的問題。你想知道什麼？要測試整個系統或一部分？想要／需要測試到多細？

2 **分組：**將參與者分成 2 到 3 人的團隊。請每個團隊選擇一個要用商業摺紙法進行探索的新服務概念。

3 **準備工作區和材料：**提供每個團隊一套商業摺紙法材料和一個白板。方便起見，白板也可以用白海報紙或靜電壁貼代替。

4 **說明介紹：**向參與者簡單介紹他們需要建立哪個服務系統或哪部分服務系統的模型。

5 **創造關鍵要素：**請團隊使用紙張來製作、裁切、折疊和標記服務系統的關鍵要素。哪些人或哪群人是重要的？他們使用哪些通路或溝通工具／設備？哪些位置地點很重要？

步驟指南

使用／研究

1 **製作服務系統的初版：**請參與者將關鍵元素放置在圖上。為重要的人或組織、通路、或溝通工具以及重要的位置地點加上準備好的元素。

接著，把這些元素連結起來。檢討關係、價值互換、（互動）動作或基本的素材／金流／資訊流。並加上箭頭，連結各個元素。繪製箭頭時，記得把元素標記上去。

必要的話，使用方框或圓圈對元素進行群組。同樣地，記得幫每組都加上標籤。

2 **改進：**模型是否完整？請團隊把缺少的元素加上去，並在必要時更新關係／群組。

3 **記下錯誤、洞見、和點子的清單：**提醒團隊記下一份問題和點子清單，以記錄他們在探索服務系統時的見解和點子。

4 **回饋：**做個簡短的發表，讓每個小組用 2 分鐘的時間介紹他們正在進行的工作。在每次發表後，收集其他小組的回饋，可以使用紅線回饋法[31]來進行。確保團隊收集到問題和點子清單的回饋。在發表結束後，給小組一些時間來統整模型。

5 **選一段時程來模擬服務系統：**服務系統是變動的。要求團隊選擇一段有意義的時程，將系統的整個過程走過一遍。在旅程的每一步中誰必須移動？關係有多穩定？他們是否必須隨著時間而改變？服務系統中的關鍵時刻是什麼？所有元素都能互相配合嗎？

6 **記錄：**請團隊完成工作並把模型記錄下來。請團隊使用標注的照片故事板、逐格影片、或「鳥瞰」影片進行記錄。

7 **發表：**讓團隊發表他們的模型。提醒他們，這不是要講靜態系統本身，而是一段時間後，不同元素如何發揮作用，也就是服務系統的歷程。請他們使用說故事的方法來介紹模型。也可以用影片來記錄發表和最終回饋。

8 **反思回顧：**在全體出席的會議上，多花些時間進行反思回顧。讓整個團隊確定的下一步要進行的任何模型中的元素或關係。請參與者在便利貼上加上可能的後續步驟（例如，進一步的研究、製作原型、測試特定元素等）。

31 見「**紅線回饋法**」的方法說明（第 10 章）。

方法說明

→ **動手做，少說：**注意那些愛討論的小組 — 這個方法容易快速觸發深入的討論。鼓勵團隊不要只是用說的，而是盡量使用桌上的模型來模擬討論的重點。◀

Ⓐ 在商業摺紙中，首先會以一個宏觀的方式看系統。跟許多其他的服務設計工具一樣，關鍵產出並非模型本身，而是團隊打造服務系統模型的經驗。

Ⓑ 工作空間的設置不是預先設定好的，而是要遵循服務系統的結構來調整。如果參與者是這個方法的新手，那麼先準備好一組清晰的元素會比較有幫助。

Ⓒ 剪紙圖樣是商業摺紙法中的運作元素。可以準備利害關係人、事物、通路、地點等的元素。

商業模式圖

商業模式圖是一種高層次手法，用來共創並將主要商業模式的組成具象化，讓你能迭代測試、修正各種不同的選項。

時間	大約 3-4 小時（取決於小組大小）
物件需求	空間、商業模式圖模板、筆、數位相機
活動量	低
研究員／主持人	1 名或更多
參與者	5-15 名。需對現階段服務系統有充分的了解，或希望能探索未來服務系統的新概念（從組織的各層級中挑選適當的組合，以全面理解服務系統）
研究手法	共創工作坊、訪談
預期產出	研究資料（特別是問題、洞見和新點子）、照片、新商業模式的提案

你可以把商業模式視為任何服務設計流程固有的一部分。任何對組織結構、流程、軟體、產品、服務、利害關係人關係或顧客族群的改變都會影響一部分的商業模式，而商業模式的改變也多會影響員工或顧客的經驗，因此，商業模式不應該在沒有納入服務設計流程的狀況下單獨完成。

但是，撰寫完整的商業規劃以定義商業模式的過程與快速、迭代的服務設計的工作方式並不搭。因此，你需要運用工具來快速將商業模式畫出，以便進行迭代測試和各種修正。這些工具並不是要取代既有的商業規劃，因為常常還是會要用到，例如用來規劃外部利害關係人的投資決策。這些工具能協助補強商業規劃：對各種情境進行原型設計和測試，可以幫助你了解各種選擇對員工、顧客體驗以及對業務本身的影響。根據經過修正和測試的商業模式，你可以輕鬆地詳細制定完整的商業規劃。

商業模式圖可以幫助快速勾勒出現有服務或產品（實體或數位）的商業模式，或為新概念的商業模式進行原型測試，目的是作為迭代設計流程中的一套工具。這個模板是由 Alexander Osterwalder 根據他在商業模式本體論的學術工作所開發的。在他的博士論文中，他比較了不同的商業模式概念並找出了彼此的相似性。這些成果後續成為他商業模式圖的基礎：[32]

— **價值主張**：歸納公司為顧客帶來的價值。

— **目標客群**：描述公司最重要的顧客。

— **通路**：彰顯顧客希望透過哪些通路被接觸，哪些通路最有效且成本效益最高。

— **顧客關係**：將每個目標客群希望與公司建立的關係、怎麼樣維持描繪出來。

— **關鍵活動**：顯示價值主張、通路、顧客關係、收益流等需求的關鍵活動。

— **關鍵資源**：描述滿足價值主張、通路、顧客關係、收益流等需求的關鍵資源。

— **關鍵合作夥伴**：描述公司營運中的生態系統。

— **成本結構**：概述商業模式中最重要的成本動因。

— **收益流**：找出商業模式的潛在收入來源。

好消息是，你通常不必從頭開始。商業模式圖的上半部七個構成要素直接與關鍵服務設計工具相對應，例如旅程圖、人物誌、系統圖、原型、和服務藍圖（見下頁圖 A）。

商業模式圖被認為是一套策略管理工具，它可以幫助連結和平衡以顧客為中心的工具與「事實」，例如資源、收益流和成本結構。因此，這個框架為設計師和管理者創造了一個共同基礎，讓彼此能討論任何組織結構中的新服務概念。

下半部的要素（成本結構和收益流）有助於估計商業模式的潛在財務影響。這兩個財務相關的方格本身取決於與提供價值主張所需的關鍵合作夥伴、關鍵資源和關鍵活動相關的成本估算、以及將價值主張經由通路和特定顧客關係提供給目標客群時，所獲得的收入。▸

32 更多關於商業模式圖的資訊，見 Osterwalder, A., & Pigneur, Y. (2010). *Business Model Generation: A Handbook for Visionaries, Game Changers, and Challengers*. John Wiley & Sons。

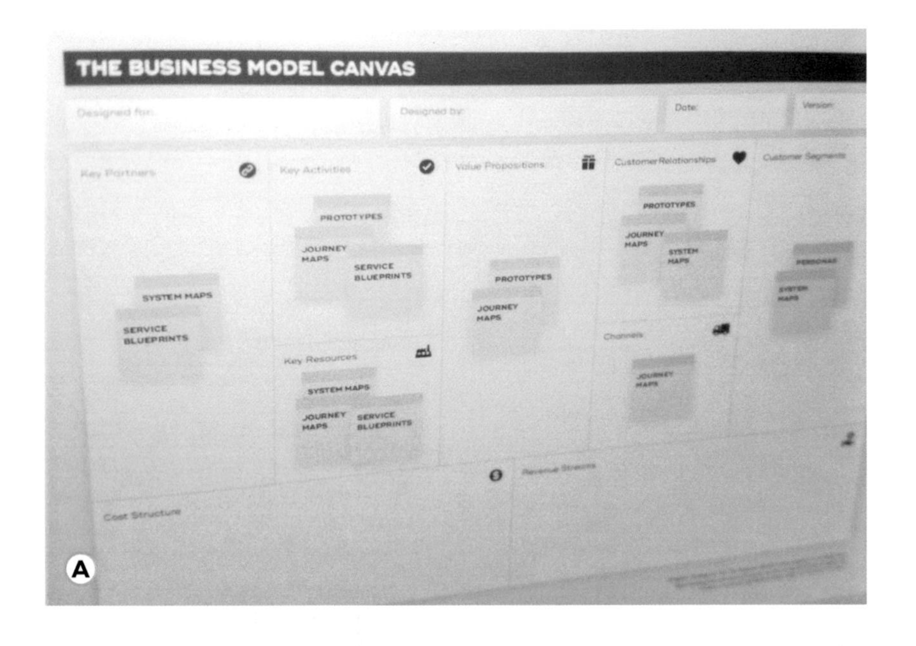

Ⓐ 商業模式圖與其對應的服務設計工具。

步驟指南

準備

商業模式圖是一套非常有彈性的工具，用法也沒有特別規定。但在一開始，按照以下幾個步驟來進行會比較有幫助：

1 **檢視範疇並釐清原型要問的問題：**簡單回顧一下。你的範疇是什麼？想從此原型測試中知道什麼？要測試整段經驗還是一部分經驗？哪部分讓你最感興趣？

2 **邀請誰：**邀請合適的人與核心團隊成員一起做（可以包括了解專案背景的人、沒有先入為主想法的人、專家、負責落實的團隊、提供服務的人、使用者、管控的人、管理者等）。

3 **準備商業模式圖模板（以及手邊有的其他服務設計工具）：**如果沒辦法在紙上印出大型的模板，只要在大張紙上草繪出來即可。

如果手邊有人物誌、利害關係人圖、顧客旅程和原型，也會有幫助。

步驟指南

使用／研究

1 **將上半部七個方格填滿：**可以的話，參考其他服務設計工具得來的資訊來填寫有關價值主張、顧客（目標客群、通路、顧客關係）和基礎架構（關鍵流程、關鍵資源、關鍵合作夥伴）的內容。關於關鍵服務設計工具與這些方格內容的對應，見上一頁中圖片。[33]

2 **填寫下半部兩個方格：**檢視基礎架構的內容，找出成本動因，並檢視顧客的方格來尋找潛在的收入來源。一旦有了成本和收益結

A 商業模式圖可以幫助快速勾勒出現有服務或產品（實體或數位）的商業模式，或為新概念的商業模式進行原型測試。

B 參考其他服務設計工具得來的資訊來填寫商業模式圖中的方格內容，或用既有的商業模式圖來啟動許多服務設計工具。成本和收益流討論是一個重要的里程碑，可以大大改變概念的方向。

33 關於此方法的細節說明，見 #TiSDD 3.6 **商業模式圖**。

構，就可以加上數字、估算成本和收益。

3 **建立不同的模式、迭代、修正：**尋找缺少的資訊，並填補這些缺口。製作原型並測試商業模式是否可持續。接著，建立不同的商業模式，並測試基礎結構方格（變更合作夥伴、流程或資源）以及收益流（其他客群、通路、顧客關係）的潛在選擇。比較不同的模式，進行迭代，然後合併、調整得更完善。

方法說明

→ **便利貼的使用：**我們建議使用大型的紙張模板、便利貼、和粗奇異筆。便利貼可幫助你聚焦最重要的部分，並大大降低在細節裡迷路的風險。經驗法則是：如果已經無法在其中一個方格中再加入便利貼時，那麼討論就已經太過細節了。

→ **多個目標客群：**如果要在一張圖中為不同的目標客群提供不同的價值主張（例如，飯店預訂平台至少有兩個核心客群，即飯店住宿客和飯店本身），試著讓每個客群和它的價值主張用一種顏色的便利貼，其他客群用不同的顏色。

→ **與競爭者、市場和趨勢進行比較：**商業模式也要用競爭者、市場力量、產業力量和未來趨勢來進行分析和挑戰。例如，為主要競爭對手做幾張商業模式圖，比較自己和對方的優缺點會非常有用。◀

草圖

草圖是把想法視覺化的方法或設計點子的呈現，能達到快速且彈性的探索。

時間	幾分鐘到幾小時
物件需求	草圖工具（筆和紙）、紙板、剪刀、膠水；創意開發環境、創意開發套件或類似產品；相機、海報板、便利貼和筆來記錄和收集回饋
活動量	低至中
研究員／主持人	1 名或更多
參與者	3 名或更多
研究手法	工作室訪談、焦點團體、概念測試／討論
預期產出	研究資料（特別是問題、洞見和新點子）、影片紀錄和照片

草圖是一種相當彈性、快速且便宜的視覺化圖像。草圖本身具有探索性的本質，因此常作為探索性原型測試的第一個步驟。使用筆和紙來畫草圖是最常見的形式，可以在幾秒鐘或幾分鐘內以低擬真度的圖像呈現初步的點子或概念。但是，不用侷限於這些工具，什麼都可以用來畫草圖，只要可以快速的產出、不昂貴、又可以幫助探索即可。例如，*Processing* 程式語言就是一套對設計師和藝術家來說容易學習的開發環境，也很明白地就把程式稱為草圖 [34]。像 Arduino 這類開源硬體原型開發平台，將硬體的程式開發普及化，也通常在硬體中使用畫草圖這個詞 [35]。肢體激盪和早期演練手法是非常快速的低擬真方法，利用簡化的重演形式或「用肢體畫草圖」來草擬出（互動）動作。►

34 見 Reas, C., & Fry, B. (2004). “Processing.org: Programming for Artists and Designers.” In *ACM SIGGRAPH 2004 Web Graphics* (p. 3). ACM。

35 見 Holmquist, L. (2006). “Sketching in Hardware.” *Interactions*, 13(1), 47–60、但是，最好能找到當地的創客空間，直接動手做！

步驟指南

準備

1 **檢視範疇並釐清原型要問的問題：**你想知道什麼或探索什麼？檢視起點，並考慮是否以及如何將前階段的知識帶進來（例如，作為研究牆、用物件作為靈感來源、或關鍵洞見）。

2 **決定要邀請誰：**邀請合適的人與核心團隊成員一起做（可以包括了解專案背景的人、沒有先入為主想法的人、專家、負責落實的團隊、提供服務的人、使用者、管理者等）。

若要使用特定的材料、程式碼、或硬體製作草圖，請確保團隊具備所需的技能。讓團隊的技能均衡一些，這樣大家就都可以在製作草圖過程中有所發揮。例如，建立程式碼草圖時，並不是每個人都需要成為工程師；有些人可以繪製圖像元素、撰寫文案、或發想情境和資訊架構，讓大家一起作出貢獻。

3 **決定要量還是要深入調查：**決定是要追求數量還是進行更細節的調查或「深入研究」特定主題或點子。這個決策將取決於開發過程中的階段，並且會影響進行任務的時間。

4 **準備草圖繪製工具：**準備好草圖繪製工具和工作環境。使用紙筆作業時，只需將紙筆放在桌上即可。用程式碼或硬體製作時，要花一些時間仔細選擇、準備限定的工具和平台，以加快草圖繪製速度。

5 **畫草圖：**在向小組說明設計挑戰之後（例如，「我們該怎麼……？」觸發問題），請他們草繪解決這個問題的各種概念。如果要追求數量，可以要求參與者克制想討論的衝動，專心繪製許多草圖（如果狀況合適的話，他們可能會直接安靜地作業，將完成的草圖放置在大家看得見的地方，讓其他人查看和延伸發想）。如果追求深入探索，則可以鼓勵討論、讓大家一邊畫草圖一邊共同發想。►

Ⓐ 草圖利用筆和紙，讓初始想法或概念可以快速、低擬真被視覺化。

Ⓑ 像是 Arduino 這類開源的原型測試平台，讓你可以製作硬體的草圖，建立起互動裝置的第一個可操作原型。

Ⓒ 早期的探索性草圖通常是給自己看的，即使要給別人看，也是能說明清楚的。因此，要追求靈感而不是完美，向孩子們學習，他們這點最厲害了。

步驟指南

使用／研究

1 發表並引出回饋：在設計團隊中將草圖展示給彼此看，或向外部觀眾展示草圖，以取得回饋意見並激發討論。在這階段，你可以直接在現有的草圖上增修（例如，加上註解、當場做修改）或者就把修正的部分畫進新的草圖裡。另一種方法是讓畫的人在不解釋的情況下展示他們的草圖，請觀者描述他們看到了什麼、對什麼有用。

2 記下錯誤、洞見、和點子的清單：確保在測試的整個過程中記下各種觀察，整理成清單。在每回合活動之後，花一些時間回顧學到了什麼、想要改變什麼或哪些在下一步嘗試看看。簡單討論一下發現的問題，並進行優先順序排列。

3 修正草圖、迭代（非必要）：有現在就要修改的地方嗎？快速進行修正、從步驟 1 再做一次。

4 記錄：記錄並完成工作。使用草圖的照片、影片、以及重要互動來記錄最終的版本。簡單回顧一下海報板上的內容，找出重要的問題、以及要在下一步設計流程中處理的問題和機會空間。◂

Ⓐ 有了對的原型測試平台，程式碼草圖可讓你在早期探索可操作的原型。

Ⓑ 肢體激盪是一種非常快速的低擬真方法，利用重演或「用肢體畫草圖」來草擬出（互動）動作。

情緒板

情緒板是一種視覺拼貼手法，讓想法變得具象，協助溝通心中期待的設計方向。

時間	30 分鐘到幾小時
物件需求	牆面空間／印表機／剪刀／膠水或白板／投影機；照片、圖片、物件；海報板、便利貼和筆來記錄和收集回饋
活動量	低至中
研究員／主持人	1 名或更多
參與者	3 名或更多
研究手法	工作室訪談、焦點團體、概念測試／討論
預期產出	研究資料（特別是問題、洞見和新點子）、照片、拼貼

情緒板是現有／特別製作的文字、草圖、圖像、照片、影片或其他媒體的拼貼，用來溝通心中期待的設計方向。情緒板通常用於（但不限於）測試外觀的原型，是一種利用已知概念的類比來傳達目標經驗、風格或情境脈絡的方法。

步驟指南

準備

1 **檢視範疇並釐清原型要問的問題：**簡單回顧一下。你的範疇是什麼？想從此原型測試中獲得什麼？也考慮一下想要／需要邀請誰來參與演練。只在專案團隊中進行，還是打算讓潛在使用者或其他利害關係人參與？ ►

2 **收集靈感：**從手邊可及資源中開始收集靈感和原生素材。可能也要翻閱相關的報紙或雜誌、瀏覽圖庫、照片或影片網站等線上資料庫、從自己的媒體庫中選擇素材，或者出門自己拍攝照片和影片，快速創造新素材。

3 **整理和修正：**整理素材、建立出第一版拼貼。然後，填滿空缺、重新排列內容，直到覺得滿意為止。情緒板可以是一面實體的板子，可以把所有內容印出來貼上去，若運用的素材是影片或互動媒材，線上的情緒板會是比較實際的方式。

步驟指南

使用／研究

1 **發表並收集回饋：**將你的情緒板展示給設計團隊或外部觀眾看，取得回饋意見、激發討論。

2 **註記和修改：**在展示的期間，可以在現有的板上新增註記、或是重新排列、移除素材、或甚至從所取得的資料中建立一個全新的情緒板。然後迭代再做一次。

Ⓐ 情緒板是現有媒材的拼貼，用來溝通心中期待的設計方向。

綠野仙蹤法

在綠野仙蹤法中，使用隱形的操偶師來假裝服務的互動。

時間	30 分鐘到幾小時
物件需求	彈性、有隱私的牆面空間、實體或數位介面的原型（例如：紙板原型、紙本原型、可點擊模型等）、相機、海報板、便利貼和筆來記錄和收集回饋
活動量	中
研究員／主持人	1 名或更多
參與者	5 名或更多
研究手法	參與式／非參與式觀察、脈絡訪談
預期產出	研究資料（特別是問題、洞見和新點子）、原始照片和影片、觀察和訪談逐字稿

綠野仙蹤法是透過幕後隱形的操作者（巫師，wizard），手動創造出來自人、裝置、App 或脈絡／環境的回應。使用者則相信他們正在操作一個真實可用的原型。綠野先蹤法可以讓你在花時間和心力投入更複雜的可點擊原型之前，更有效率地測試使用者的反應[36]。把所有服務或系統的相關內容精心準備並組裝好，讓「巫師」在現場創造實際的反應。可以把操作者（巫師）想成是物件和服務元素的幕後隱形操偶師，以模擬後台流程、裝置或環境的動作。這些方法有助於探索並評估產品或服務的核心功能與價值。▸

36 先看 *The Wizard of Oz* (Victor Fleming, 1939, MGM) 這部電影。然後，再拿著爆米花讀一讀有關綠野仙蹤法應用於設計的研討讀物：Kelley, J. F. (1984). An Iterative Design Methodology for User Friendly Natural Language Office Information Applications. *ACM Transactions on Information Systems* (TOIS), 2(1), 26-41.

步驟指南

準備

1. **檢視範疇並釐清原型要問的問題：**你想知道什麼或探索什麼？檢視起點，並考慮是否以及如何將前階段的知識帶進來（例如，作為研究牆、用物件作為靈感來源、或關鍵洞見）。要測試整個介面或一部分？要使用者進行哪些任務？想要／需要測試到多細？列出稍後要測試的任務清單。

2. **找出參與者：**根據你的研究問題，確認合適受測者的標準。使用抽樣工具來選擇研究受測者，也可以考慮請內部專家或外部機構來協助招募。

3. **準備情境、製作介面元素：**運用數位服務或調查性排練來產出一組關鍵情境。接著運用合適的手法來準備與使用者進行互動的關鍵元素（如：利用紙板原型、紙本原型、線框圖或程式碼草圖）。

4. **操控、分配角色、演練：**操控服務或系統，讓「巫師」控制互動，並適當對使用者的操作作出反應。把團隊成員分組，擔任操作員（「巫師」）和觀察員的角色。讓巫師進行演練，直到獲得所需的經驗為止。

5. **準備測試空間：**可以用影片連結或雙面鏡，方便讓巫師藏身，也同時能觀察使用者。

步驟指南

使用／研究

1. **測試原型：**開始進行測試。介紹一下專案和原型的脈絡，要求使用者執行指定的情境任務。當使用者開始操作原型時，操作者透過幕後操作及操控物件和環境來模擬後台過程、裝置或環境的動作。

2. **記下錯誤、洞見、和點子的清單：**觀察者要在測試的整個過程中記下各種觀察，整理成清單。在每場測試之後，花一些時間回顧哪些可行、哪些不可行、想要改變什麼或哪些在下一步嘗試看看。大概討論一下發現的問題，並進行優先順序排列。

3　修正原型、迭代：完成剛剛模擬的任務或情境，快速決定接下來要試哪一個。修正「巫師」的反應，必要的話也可以對各個元素進行修改。然後再做一次。

在測試活動結束時，請巫師出面，與使用者進行最後的討論。◄

Ⓐ 在綠野仙蹤法中，來自人、裝置、App 或脈絡／環境的反應是透過幕後的隱形操作者（巫師）手動創造的。可以把操作者（巫師）想成是物件和服務元素的幕後隱形操偶師。

10
主持方法

在工作坊中保持高度參與、切中主題、又有生產力的方法

主持方法

在工作坊中保持高度參與、切中主題、又有生產力的方法

主持是比研究、概念發想和原型測試等活動更高層次的任務。工作坊或專案由其他各章節的方法組合而成，藉由主持活動結合在一起。因此，除了一些特定活動（例如激勵演練和回饋手法）之外，不太可能將主持作為一種方法描述。

本章節介紹一套有用的回饋手法，以及一些很棒的暖場活動，這些活動在許多工作坊或會議場合都非常有用，可以激發團隊精神、集中精力、並運用讓大家一起失敗的樂趣來強化安心的空間。但是請記住，許多服務設計活動本身就是很好的激勵手法。讓設計活動充滿活力，而不是用激勵活動讓大家分心，多半會比較好。當有內容又有高度參與互動時，就會帶來成功。

規劃主持手法的關鍵問題

在選擇對的主持方法時，要考慮以下幾個重要的問題：

→ **角色：**你想扮演什麼樣的主持角色？

→ **共同主持：**要找共同主持人一起進行嗎？如何劃分角色和職責？

→ **團隊：**誰會參與？誰需要參與？誰可以參與？參與者之間關係的正式或非正式程度為何？

→ **目的和期望：**工作坊的目的是什麼？為什麼要做？預期成果和產出是什麼？在給定的時間範疇內能做到什麼？

→ **安心空間：**如何為參與者創造安心的空間，以建立接受和擁抱失敗的環境？如何為組織創造安心的空間？

→ **工作模式：**需要準備哪些工作模式？

→ **情境：**要在何時、何地進行工作坊？

有關方法的選擇和連結，見#TiSDD第10章：*主持工作坊*。關於戲劇曲線，見#TiSDD第3章：*基本服務設計工具*。

三腦合一暖場法

一種超緊湊、有效、熱鬧而非常受歡迎的暖場，參與者可以享受失敗的樂趣。

時間	第一輪大約 6-8 分鐘；接著大約 3 分鐘
物件需求	能讓大家站立的空間
活動量	超高
研究員／主持人	1 名
參與者	一組 4 名（或 3 名，見「方法說明」）
預期產出	醒腦的參與者、歡笑、一起享受失敗的樂趣

這種暖場有很多種形式，名稱也各有不同。[01] 活動超緊湊，適合用來作為有力的開場、打斷某些流程、或幫助人們擺脫停滯不前的狀態。

步驟指南

1 基本的形式是四人小組。讓一位成員站在三個人中間，暖場開始：

— 站在中間成員左後方的人（調色盤）問一些簡單的視覺問題，不斷重複每個問題，直到中間的人給出正確答案為止（「太陽是什麼顏色？太陽是什麼顏色？太陽是什麼顏色？天空呢？天空是什麼顏色？」）。

— 站在中間成員右後方的人（數學老師）則問非常簡單的數學問

01 全球服務設計大會的 Youtube 暖場播放清單有這個暖場方法的介紹和實際運用，見 *http://bit.do/JamWarmups*。

題，不斷重複每個問題，直到中間的人給出正確答案為止（二加二是多少？二加二是多少？六的一半呢？六的一半是多少？六的一半是多少？）。

— 站在中間成員前方的人（操偶師）用雙手做出非常緩慢、精確的動作，等中間的人做出一模一樣的動作後，再繼續變化動作。

2 這三個人都需要同時引起中間的人的注意，讓他回答所有問題並同時做出模仿動作。

3 當站在中間的人已暖身完畢（眼神明亮、表情充滿活力，通常只需要 30 秒），換下一個人，這樣每個人都可以嘗試新的任務。要在同一個時間讓所有團隊換角色，讓大家在每個回合一起開始也一起結束，分享經驗並建立戲劇曲線。

4 最後，為暖場狀況進行討論（見「方法說明」。）▶

A「三腦合一」暖場法是一種非常強大的暖場方式，帶有肢體、認知和空間的元素。

方法說明

- 如果團隊人數不能剛好都分成 4 人小組，就分成 3 人小組（中間的主角、數學老師、調色盤），然後讓中間這位主角模仿另一組操偶師的動作。或者，只由一個人在前方負責做出動作，三人小組（主角、數學老師、調色盤）進行其他任務。

- 兩個問問題的人的基本規則是「一直不停講話」。告訴他們可以問重複的問題，但重點是「馬上回答！」

- 操偶師的基本規則是「非常緩慢、非常精確。」

- 分享有關暖場後討論的一些感想：首先，我們一開始很難同時說話和做動作（大多數參與者常常會「忘記」手的動作）。但是大家都很快能進入狀況，結果令人感到振奮。在設計上也是如此，如果我們透過用手和肢體來豐富平時慣用的言語，成果也會最好。此外，這個活動基本上是不可能的任務—從 CEO 到菜鳥實習生，每個人都會失敗，但他們仍然從中受益。也因為大家都失敗了，所以沒有人會感到尷尬。作為設計師，我們都會一起失敗，而失敗會帶著我們前進。

◀

色彩鏈暖場法

有趣的團體暖身，且包含了溝通的學習。

時間	第一輪大約 12 分鐘；接著大約 5-8 分鐘
物件需求	能讓大家圍成 6-12 人圈圈站立的空間
活動量	高
研究員／主持人	每 2-3 個圈圈 1 名
參與者	每組 6-12 名
預期產出	醒腦的參與者、樂趣、溝通模式和團隊流程的學習

這個暖場活動時間會稍微長一些，但會帶給團隊共同的成就感，也能讓大家思考。進行方式非常簡單，只是文字描述看起來很複雜而已。試試看吧！

步驟指南

1 每組 6 到 12 個人站成一圈，選出一個組長領導。組長要跟參與者站在同一圈裡。

2 每次設定一個鏈：

— 請組長給圈裡的一個人一種顏色。要清楚說是什麼顏色、要給誰。

— 這個人再給下一個人一種顏色，直到每個人都獲得一種顏色，最後一個人再給組長一種顏色（可以用一些大家看得到的方式表示拿到顏色了；例如，彎曲手臂。只需要在第一輪中表示即可）。

▶

3 這樣色彩鏈就做好了。請組長給同一個人同一種顏色，進行色彩鏈的輪轉，這次大家不需要彎曲手臂了。當色彩輪回組長時，再次不斷重複向同樣的人說同樣的顏色，不斷迴圈，愈來愈快。

4 停下來。請每個人記住自己的顏色。簡短討論：「你要聽幾個人的話？」（答案是：「一個人。」不必聽一整個鏈的人說話。）

5 請組長開啟一個新的鏈（同步驟2），但這次參與者要指定動物名稱。這個鏈要不一樣，大家要指定動物給不同的人，不是原來指定顏色的人。

6 將這個鏈跑個幾次，直到熟悉。

7 停下來。跟大家說這兩條鏈是不同的，但可以很容易一起進行……

8 請組長同時進行色彩鏈和動物鏈。說明先從一條開始，幾秒後再加入第二條，讓兩條鏈同時一起跑。不同的鏈要同時進行，但不要混在一起：顏色對顏色、動物對動物。

9 兩條鏈通常會失敗。在失敗時停下來。

10 問問大家，每個人應該聽幾個人說話（答案是：「兩位」）。詢問這是否能做到。指出如果 Tom 想指定「紫色」給 Sue，但 Sue 忙著處理「羚羊」，那她可能聽不到他在說什麼。這是誰的問題？ Sue 可以聽用力一點嗎？不行；我們必須對我們傳遞的訊息負責，要確保對方有正確收到。

11 讓各小組繼續進行鏈的輪轉，請每位參與者對自己傳遞的訊息負責，直到確認對方有收到為止。通常大家動作會變得比較大（傾斜身體、加上手部動作，也就是運用更多通路），會在必要時重複訊息，並等待對方確認收到訊息。

12 現在兩條鏈通常會進行得比較順暢了。請參與者停下來，要他們記住自己的顏色和動物。

13 請組長開啟第三條新鏈，像是國家鏈。

14 練習過第三條鏈後，請組長嘗試同時進行三條鏈。告訴參與者：「記得，你不能一次聽三個人講話。但是，如果你能相信周圍的人能做對、把訊息傳給你，就可以放鬆一下。如果你正在忙，他們會等你。要相信他們。」如果中間斷掉了，組長應請大家重新再開始一次。

15 以肢體動作做為鏈的結束，像是在每次傳話時擊掌，做個有趣的完結。為暖場狀況進行討論（見「方法說明」。）

→ 第一次進行時通常使用三條鏈就夠了。透過練習，再增加到四條、五條，六條⋯

→ 對於進行較慢的組別，讓他們在每條鏈中傳遞物件。之後再把物件拿掉。

→ 這是溝通和專案流程很棒的模式。基本流程（鏈）在理論上是完全合理的，但在交接落實上卻失敗了。只有對交接負起責任，才能使其變得可行。這意味著我們必須確保在多個通路上傳遞時，也許要多重複一次，也要等待對方確實收到訊息。而且，若我們相信夥伴能夠履行職責，那麼，即使是非常複雜的流程也能做到（甚至是輕鬆做到）。◂

Ⓐ 一位色彩鏈中的參與者在溝通時動作變得比較大，以更有效的傳達他的訊息。他身後的另一組則比較是在玩。

「好，而且……」暖場法

一種嶄新心態的暖場，增加了創意和合作性，也能示範發散和收斂活動的設計原則。

時間	第一輪大約 4 分鐘；接著大約 2 分鐘
物件需求	能讓大家倆倆站立的空間
活動量	中至高
研究員／主持人	1 名
參與者	2-2000 名
預期產出	醒腦的參與者、樂趣、發散和收斂行為的有用學習

這個遊戲很清楚地表明，發散和收斂階段都是有用的，只是有些人在其中一個階段會感到比較自在，因此最好將兩階段分開。

在專案期間（或是之後），參與者會繼續參考此暖場的內容。所以要在重要的團隊工作之前進行，尤其是在使用順序性的概念發想方法（如 10 加 10 發想法）之前做。若要產生更大的影響，讓參與者在暖場前後都進行一些團隊工作，做個前後比較差異。

步驟指南

1. 讓大家倆倆一組站在一起，面對面。如果有人沒有配對的話，就組成一個 3 人小組。

2. 請同一組內的兩個人一起規劃一個共同的活動（比如說一趟假期旅行、一場聚會、聚餐……）。說明接下來要兩個人來回進行對話。

3 告訴參與者：

— 小組中的其中一人會提出建議，像是「我們去墨西哥吧。」

— 接著，另一人回應所提出的建議，以「好，可是……」作為開頭（繼續對話下去）。

— 接著，第一個人回應對方，以「好，可是……」作為開頭（繼續對話下去）。

— 接著，第二個人回應…… 以此類推。

4 給很明確的「開始！」指示。

5 讓每一組進行對話大約 45 秒，詢問大家：「講到什麼程度了？」

6 請大家重複任務，但這次改成用「好，而且……」來開頭。▶

A「好，可是……」／「好，而且……」遊戲。

7 給很明確的「開始！」指示。

8 再次讓每一組進行對話大約 45 秒，詢問大家：「講到什麼程度了？」

9 比較兩個回合的結果。比較兩個回合的能量。有關暖場後討論的資訊，見「方法說明」。

方法說明

→ 許多團隊表示「好，可是…」這一回合讓人感到比較熟悉。有人會說這就是典型的會議文化。大多數團隊會感到在「好，而且…」回合中比較有能量。他們一定會在計劃中走得更遠、討論更深，許多人也比較喜歡這樣。但這並不代表「好，而且…」比「好，可是…」更好。

→ 「好，而且…」會產生不切實際、負擔不起、甚至是不合法的點子。使用「好，而且…」提出的提案可能很快就會崩解，但至少能讓整件事有個起點。

→ 「好，可是…」本身就讓人感到不舒服。雖然走不遠，但能幫助我們與現實連結。在這種現實模式下，有些人會感到更自在。

→ 設計專案的進行訣竅是要有明確的階段：先用「好，而且…」，再進行「好，可是…」。你也許已經知道，「好，而且…」代表發散思考，「好，可是…」代表收斂思考。兩者都是有用的，但我們必須知道現在所處的模式為何。將兩者混在一起使用對於團隊來說會很難。

→ 好的中間策略是「好，我喜歡你點子裡的……所以我們可以……」。◀

紅綠回饋法

一個簡單但有效的封閉式回饋系統，讓意見收集最大化，並持續前進。[02]

時間	第一輪每組大約 5 分鐘多；接著大約每組 2 分鐘
物件需求	筆和紙讓小組記錄回饋
活動量	低至中
研究員／主持人	1 名
參與者	至少兩組，或一組加上一些觀眾
預期產出	對團隊的讚揚和建設性批評；新的前進方向

回饋活動時間掌握得當，可幫助參與者在工作坊中保持良好、快速的工作狀態。這個方法讓參與者快速了解其他團隊產出的內容，有助保持團隊動態和意見交換。

步驟指南

在簡報或提案後，進行以下三個步驟：

1 「理解」問題（非必要）

觀眾可以詢問任何不清楚的地方，請團隊進行簡短的說明。保持簡單扼要，確保參與者不要將紅色或綠色回饋偽裝成問題。

2 綠色回饋

觀眾告訴團隊他們對提案的喜歡或超愛的地方，以及在後續迭代

02 感謝 Swisscom 的友人教我們這個方法。

中應保留或擴展的內容。回饋接收者只能說「謝謝」。

3 紅色回饋

觀眾分享對提案的擔憂或疑慮。這裡有一條重要規則：除非具有建設性，否則不能提出紅色回饋。每項批評都必須有明確的提案或建議。如果不是建設性的建議，就不要提。回饋接收者只能說「謝謝」。

方法說明

→ 給參與者一個超短的簡報時間。假設當兩分鐘簡報結束後，無論是否講完，每個人都鼓掌。這能讓簡報者專注於真正重要的部分。

→ 只回覆「謝謝」是很困難的。有時很明顯知道提供回饋的人並不理解你的重點，如果發生這種情況，那就是一個回饋意見，不要試圖解釋。與解釋比起來，獲得更多的回饋（讓其他人說話）更為重要。

→ 紅綠回饋法是一種封閉式的回饋方法：不允許討論回饋。這有助於在工作坊中控制時間，但有時可能會讓接收方感到受限。可以在回饋活動後留一小段時間讓小組內部或雙方進行比較開放式的討論。

→ 建設性的回饋可以包括直接的修正建議（「加大尺寸，這樣才裝得下卡車。」）或其他對團隊有幫助的行動方針（「我認為這是不合法的，可以問問三樓的Xiang。」或「待會休息時來找我，我教你幾個方法。」）◂

索引

這就是服務設計！方法篇

作　　者：Marc Stickdorn 等
譯　　者：吳佳欣
企劃編輯：蔡彤孟
文字編輯：詹祐甯
設計裝幀：陶相騰
發 行 人：廖文良

發 行 所：碁峰資訊股份有限公司
地　　址：台北市南港區三重路 66 號 7 樓之 6
電　　話：(02)2788-2408
傳　　真：(02)8192-4433
網　　站：www.gotop.com.tw
書　　號：A610
版　　次：2020 年 11 月初版
　　　　　2024 年 05 月初版八刷
建議售價：NT$480

國家圖書館出版品預行編目資料

這就是服務設計！方法篇 / Marc Stickdorn 等原著；吳佳欣譯. -- 初版. -- 臺北市：碁峰資訊, 2020.11
面；　公分
譯自：This Is Service Design Methods
ISBN 978-986-502-631-8(平裝)
1.服務業管理
489.1　　109015291